打 造 你 的 好 命 臉

廖俊凱醫師｜邱聖文老師——著

作者簡介　廖俊凱 院長／博士

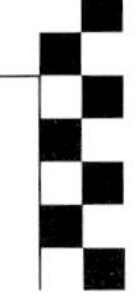

臺灣美加仁愛醫美診所院長
臺北韓風整形外科診所醫美院長 / 技術總監
社團法人中華負離子發展協會顧問
臺灣微創美學交流協會顧問
臺灣醫美健康管理學會理事長
臺北市有氧健康協會常務理事
中華兩岸事務交流協會理事
中華兩岸整形美容產業發展協會理事
中華兩岸全效抗衰老促進協會理事

經歷

臺灣醫美健康管理學會副理事長
臺北市醫師公會第十六屆監事
中華民國肥胖研究學會第六屆理事
臺北社區醫界聯盟理事
臺灣家庭醫學會基層醫學雜誌助理編輯
臺北醫學大學醫學系兼任講師
天主教輔仁大學醫學系兼任講師
耕莘醫院新店總院家庭暨社區醫學部專任主治醫師
耕莘醫院新店總院老年科專任主治醫師
萬華醫院家醫科專任主治醫師

臺北醫學大學醫學系畢業
臺北醫學大學傷害防治學研究所畢業
臺北醫學大學醫學科學研究所博士畢業
臺灣教育部審定講師
臺灣家庭醫學會專科執照
臺灣老年學暨老年醫學會專科執照
中華民國肥胖研究學會專科執照
中華針灸醫學會專科執照
中華臺灣美容醫學醫學會專科執照

家庭醫學 / 老年醫學 / 社區醫學 / 旅遊醫學 / 美容醫學 / 預防醫學 / 婦女保健 / 健康檢查 / 戒菸門診 / 代謝症候群 / 醫療咨詢……等

相關著作

看對醫生做對檢查——掛錯科，真要命！（2009 年，廣廈出版社）
有病不要亂投醫（2010 年，中國友誼出版社，簡體版）
90% 的人生病都掛錯科（2012 年更新版，廣廈出版社）
微整形逆齡之鑰（2013 年，書泉出版社）
打造不生病的健康生活（2014 年，書泉出版社）
吃對了不生病（2015 年，書泉出版社）

作者簡介

邱聖文 老師

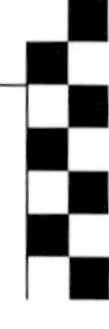

中國北京嘉林堂美相開運首席專家
義大利娜摩丹醫美醫院臺灣分院長
中國整形美容協會特聘面相美學設計與諮詢講師
中國美業最富傳奇色彩臺灣面相美學諮詢講師
中華巒理易經推廣協會理事
臺灣周易文化研究會會員
中國醫學美學文飾規範化系統研習班首席講師
大中華區抗衰老科技趨勢觀察家
臺灣微整形協會會員
臺灣雅芳集團特聘面相風水講師
臺灣雙美生物科技公司首席面相美學咨詢顧問
北京思康美業科技集團面相美學風水講師
中國鑫美集團（維多利亞、華山醫院）面相美學諮詢專家
中國科康集團（廣州華美、曙光醫院）面相美學諮詢專家
中國上海京來集團（歐萊美）面相美學諮詢專家
中國美立方集團面相美學諮詢專家

大陸：002-86-13810269981
臺灣：00-886-921939183
Mail：3118926509@qq.com

作者序 「醫學美容」與「觀相」專業的結合

——廖俊凱

說到最古老的面相改運法，大概就屬「點痣」了。儘管傳統的點痣方法，並不符合現代衛生的條件，一旦處理不好，不但沒有享受到「改運」的好處，反而可能先造成「毀容」也說不定。

但生活在現代的美眉們，卻是非常幸運。因為拜醫學美容技術的不斷精進，可以透過後天的各種方法，像是藉由專業醫療人員使用醫學儀器、針劑或高效護膚產品，達到淡斑、除皺、緊緻毛孔、改善臉部缺陷的效果，進而改變天生長相，擁有一張既漂亮又好命的臉孔。

這本書，是繼微整形、健檢、預防醫學、吃的健康之後，又一本結合「醫學美容」與「觀相」的新作。讀者單從出書的順序中，便能看出個人對於「美學」一以貫之的脈絡——預防重於治療、健康與美麗都是由內而外。也就是說，只有吃的健康，並且發自內心的快樂，展現在外的容貌（面相）與身體，才有可能光采動人。

邱聖文老師是我從事醫學美容數十年來的「最佳拍檔」，我發現經過邱老師諮詢後的客人，不但心情都特別好，而且術後「非常滿意」、「下次再來」的比例也很高。原來是「相由心生」的道理，一個人的心情也會影響「面相」的變化。我也特別留意及觀察到：那些最滿意的客人，就是我幫她們找到個人特色的客人；往往那些越來越開心、覺得順利的客人，全都長著一副可以掌握個人特色及弱點，進而趨吉避凶、迎接好運的好命富貴臉。

要知道，時下美眉們對於醫學美容診所的要求甚高，一般醫師能注重技術安全、自然及美學黃金比例的調整，就已經非常全面了，但我發現結合開運相學，讓她們能美得更開心、更有正能量，才能大幅超越她們的高期待。人生在不同的階段，都有不同的美與氣場。學會觀相，除了能了解自己的運勢，更可以「識人於初見」。因為，唯有知己知彼，才可百戰百勝。

很高興在兩岸各地的 VIP，以及醫學美容諮詢朋友們的大力催生下，促成這本書的誕生。事實上，本書就是我的「醫學美容」專業，再結合邱聖文老師的「觀相」絕活，完整分享給想「掌握自己美麗正能量」的所有美眉們。

這本書中，首先介紹了中國面相學的各種理論，讓美眉們對好命面相產生基本的認識，之後，則進一步提供保養、彩妝、微整形及整形手術……等相關知識。

雖然從面相的角度來看，斑、痘、疤痕與紋路，都會影響不同層面與年齡的運勢，但這部分最簡單的方法，便是透過日常的勤保養，再輔以髮型與彩妝的變化，就能做到暫時性的修飾與改善；如果想要長久改變不佳的面相，恐怕就得藉由微整形與整形手術，進行一段時間或永久性的改變。

不過，要提醒美眉們的是，採用手術的成本不但較高，也存在手術風險及「預期與實際間的落差」等問題。因此，本書中詳列各種整形手術的療程、效果、適應症、不適應症，以及術前、術後注意事項，希望美眉們在施行之前，務必先諮詢有經驗的專業醫師，並且相信專業醫師的判斷及建議。如此一來，才能獲得最滿意的美容效果。

真心期待大家都能美得健康、美出好運氣。

作者序 最全方位的面相工具書

——邱聖文

面相學在中華文化中已有兩千多年的歷史，春秋時代，鬼谷子先師曾提到：「有心無相，相隨心生；有相無心，相隨心滅。」說明每個人外在呈現的相貌、表情、動作，都是會隨人的心念轉變而發生變化的。「面相」是每個學習命理的人都必須學習的基礎，但面相並不是一門簡單的學問，因為每個人都是獨一無二的個體，即使雙胞胎也會因成長環境中接觸到不同的人事物，而有不同的個性特質。人生其實就是由一連串的選擇組合而成，身為一個專業的命理工作者，常常遇到客戶詢問生命中一些重要決定，我期許自己並不是要幫客戶做最完美的決定，而是協助客戶在人生的不同階段中，為自己做出最合適的決定。

學習觀相的目的，最重要的是要認識自己，而後見相識人。這個世紀，人類最偉大的發明，就是醫美整形技術。常常有人問我，「整形到底能不能改運？」我的回答只有一句話：「信則有，不信則無！」世間萬物運轉皆有其規律，每個人一生中自然也有高低運勢，在不同階段，面相其實都有些變化；所以無論是醫美整形、開運彩妝，或是服裝、飾品顏色搭配，都是為了調整個人在先天機運上的缺失，進而趨吉避凶，來補強個人的能量，以積極正面的態度面對各種困境，才能掌握大運高峰。

面相是一門易懂難精的學問，為了給讀者最完整實用的內容，本書特地採用圖文的方式，來說明面相五行、五官、十二宮等重要基礎，並包含觀相最重要的觀氣色；另外，也將開運彩妝和醫美整形等目前大眾最重視的重點資訊，都去蕪存菁地融合在內。沒有艱澀的陳年理論，都是立即可用的資訊，是目前針對面相最全方位的工具書。希望本書能帶給徬徨於人生交叉點的朋友們一些幫助，並期盼能協助您改善人際關係，感情婚姻生活美滿，事業發展更順利，同時財源滾滾而來。

在此，我要特別感謝廖俊凱院長邀請我一起合著這本書，廖院長堅強的西醫專業背景，以及對中醫養生、抗衰老和醫美整形各方面的豐富經驗，為本書提供了最紮實的醫學基礎。最後，感謝生命中一路上的貴人及所有支持我的粉絲和朋友們。機會是給準備好的人，希望看到這本書的妳，好好運用身邊所有的資源及新技術，累積自己的美麗正能量，打造屬於妳的好命臉。

前言 為何美貌這麼重要

美國長年研究「好看外貌薪資效應」的奧斯汀德州大學漢默梅希發現，外貌確實擁有驚人的廣泛且深遠的影響。他的結論是：「醜人賺得比相貌平凡的人少，相貌平凡的人賺得又比帥哥美女少，外表不佳確實會對我們造成傷害」。

漢默梅希指出：「假如你在一群世上最枯燥的職業——經濟學家，前50%好看的名單上，那麼，你選上美國經濟學會（American Economics Association）幹部的機會，將明顯高出許多。」

以美國律師為例，原本就賺得比一般人多。但如果長得比其他律師好看的話，似乎又會賺得更多，而且從法學院畢業越久，這個效應就越強大。外貌比較出眾的律師，到了執業的中期，不但費率比別人高，收費時數也更多。此外，平均而言，私部門律師比公部門律師俊帥、美麗，而且隨著時間越長，差異越顯著。

不只是男性會有異性相吸的情形，長相出眾的男人之表現也較佳，律師的收入效應在男性和女性的身上同樣明顯。荷蘭廣告公司的資料顯示，經理人愈有魅力的公司，營收明顯高出許多，不論經理人是男或女。

網路上也曾經出現由美國心理學家及社會學家所提供的說法：美麗的人，打從出生的第一天，就具有優勢了。可愛的寶寶，受到更多大人的關愛。不管在學校裡或出了社會，「比較好看」的人，不但有機會拿到學位、獲得工作、享有高薪及升官發財，就算被告了，罰款也會比較少。所以，別懷疑為何有那麼多人，會想盡辦法將大把鈔票花在美容產品與相關服務上，目的就是要讓自己變得更好看，以便獲得更多的經濟利益與好處。

儘管在不同文化背景與社會下，有關美醜的標準或許不一樣，但是普遍來說，所謂「好看」，是指相對於大多數的人而言。至於在中國，自古以來就有從面相來判斷一個人各種運勢（包括事業、婚姻、財富等）好壞的標準。接下來，本書將一一解釋面相的理論原理，並提供如何透過從保養、彩妝、微整形與整形手術來提升運勢的運用方式。

作者序

前言

好命面相的祕密

part 1

中國人所謂的「相術」，其實是依據人的形體容貌、精神氣色、情態舉止等，來推斷一個人的性格、智力、健康、命運的預測術。屬於「五術」（山、醫、命、卜、相）之一的相術，其實還包含了手相、面相、骨相、名相、印相、帖相與宅相等。

也就是說，「面相學」只是眾多中國古代相術的其中一種。它是透過「觀察一個人的面貌」，就能夠知道當事人的各種人格特質與運氣好壞，並進一步達到「趨吉避凶」與「預知未來」的境界。

看面相的順序

古人在觀察一個人的整體個性、運勢或富貴貧賤時，都會先從一個人的外表開始看起，例如從身體的比例配置來進行判斷（請見表 1-1）。

表1-1
身體比例與富貴貧賤

人身三停	代表部位	富貴貧賤代表
上停	頭至頸部	上長下短：貴相 上短下長：賤相 中長下短：多貴 中短下長：勞碌
中停	肩至腰部	
下停	腰至腳底	

資料來源：彙整自《面相一本通》p.14

但如果集中在「面相」上，一般看相的順序，首先是臉部的形狀（例如臉型可區分為「五行」及「十字面」），接著看三停、五官及十二宮等部位。通常分為以下四大重點步驟：

一、整體平衡度

古代的面相術認為，一個人的臉部線條整齊，會直接反映在當事人的性格平衡上。如果有眼睛特別大、嘴巴特別大、鼻子特別長、耳朵特別小等失去平衡的情形，都會反映出一定的性格特徵。

除了整體平衡度之外，古代面相師認為，一個人的臉型長得長胖瘦圓方，或是否符合「金」、「木」、「水」、「火」、「土」等五行相生相剋的均衡狀態，不但會影響當事人的個性，也會進一步改變當事人的命運及運勢。

二、三停的代表

如果把一個人的臉部區分為三個部分，也就是所謂的「三停」，則可以根據這三大區塊，看出此人的「智慧」、「意志」與「感情」。簡單來說，上停是看一個人初年運（少年時期，大約到 22 歲）的運勢，也同時可代表此人是否具有智慧。當一個人的額頭，有「放三根指頭」的寬度，就表示此人在社會上很有器量及具有智慧。

中停部位裡，雙眼之間的距離，是以一個眼睛為標準，鼻子則要與耳朵的長度相同。中停是看 23~49 歲的中年運勢，也可看出這個人的金錢出入、財產、體力與意志力。

下停可看出此人的生命力強度、愛情深度，以及是否能受到屬下的愛戴及擁護，並可看 50 歲以後到生命結束的晚年運勢。

三、五官及十二宮位

首先是眼睛，重點在於「靈不靈活」；其次是額頭是否「飽滿」？再者是鼻子，看它的形狀是否漂亮？之後再看耳朵是否厚實？接著才看雙頰、嘴巴與下巴。（有關十二宮的介紹，詳見第 66 頁。）

四、綜合多個臉部位置或宮位一起參考

有些問題要結合好幾個部位一起參考，例如有沒有小孩，除了子女宮之外，還要看其他部位。這是因為評斷一個人的生殖能力，需要多方面綜合來看，包括代表一個人的桃花、人緣、性與生殖能力的臥蠶（眼睛下方）、人中與耳珠這三個地方。

以上是看面相的大方向與原則。除此之外，還要參考各部位是否有疤痣紋路或是出現特殊的氣色。同時，手相、身相，甚至是聲音等，都具有影響

一個人運勢好壞的關鍵性，因此，必須將所有部位、身形等進行綜合性判斷，才能更精準地論定一個人的命運或流年運勢。

001 金形人

通常以有稜有角的方形為主，也就是「骨骼較為方正」，如果以一個字來形容金形人的臉，就是一個「方」字。如果搭配五官，也偏方形時，就更合乎「金形人」的標準要求。一般金形人的性情較為剛強正直，又重義氣，是非觀念特別強。

假設金形人行動較快，且伴隨著聲音響亮，給人氣宇軒昂的感覺，就是所謂的「金形成局」的人。這種人多半為人正直無私、勤勉奮發，不但能肩負重任，也更容易成功富貴而名聲顯揚。

不過，大多數人都不一定是標準的金形人，有以下幾種不同的「變格」，其所面臨的運勢好壞，就各有不同了。

表1-2
金形人變格的代表運勢

變格	形狀	代表結果
金火相雜	如果臉型上下帶尖削、五官太浮露（突出）、臉上青筋浮出、臉上燥赤、紅髮等，都是金形帶火的現象。	犯金火相雜的話，往往會有大災難。且會隨著流年的運勢不同，而帶來生病受傷，或是事業上的波折及破財的現象。
金形犯木	如果臉型上下修直、五官細長、臉上皺紋太多、臉色青褐等，都是金形帶木的現象。	隨著流年運限的不同，而帶來生病受傷，或是事業上的波折及破財的現象。
金形逢土	凡是皮下筋骨厚實、體型碩壯、腰腹有力者，就是土金相生的格局。	金形人最喜歡有土形來相生，這也是在社會上容易成功的大富大貴典型。
金形逢水	凡是肉圓骨豐、氣色光潤的人，就是屬於「水形得金生」的格局。	這也是一種商場得意的大富格局（見「水形人」的「金生麗水」），但金形人如果水太多，也就是虛胖、皮下肌肉柔軟而無力、氣色偏灰，為洩氣太重之寒金，則不能成器。

資料來源：彙整自《面相學幫你改運招桃花》p.40

002 木形人

木形人的臉型以修長為主。單用一個字來形容，就是所謂的「長」字。一旦這種人配合五官、身材及手指都同樣修長時，就更符合木形人的標準。

過去的相書上，都形容木形人的性情較為仁慈、心思細密，且行動斯文而聲音清脆，給人態度高尚、品味出眾的感覺。假設臉型能夠符合「木形成局」，此人將會名聲顯達且才華高超，為人守禮而有教養，更是「守信重諾」一族。

不過，大多數人都不一定是標準的木形人，有以下幾種不同的「變格」，其所面臨的運勢好壞，則各有不同。

表❶-❸
木形人變格的代表運勢

變格	形狀	代表結果
木形犯金	如果臉型上下比較方、五官粗重且偏向方形、骨骼突出、臉色蒼白，是木形帶金的現象。	木形人如果屬於混雜的情形，最忌諱金來相剋。這樣的搭配會有不順利的狀況出現，且會隨著流年運限的不同，而帶來生病受傷，或是事業上的波折及破財的現象。
用金砍伐	如果是身圓多肉、筋骨結實，再加上臉色白皙，就是屬於「用金砍伐」。	這代表已經成氣候的好木，可以擔當大任，能夠成為國家社會的棟樑之才。
木逢水多	如果五官或臉型上下有稍帶渾圓多肉的現象，就是木逢水多。	表示有發達富貴的運勢。
木被火焚	如果臉型上下帶尖、五官太過浮露、臉上青筋浮出、皮膚乾燥發紅、聲音沙啞而行事急躁、動作粗魯，為「木被火焚」的現象。	容易受到一些外傷或挫折，忙碌辛苦，事業成敗起伏較大。
木火相生	如果臉型略帶圓潤、膚色白裡透紅、臉上沒有突出的肌肉或是浮露的血管，就是屬於木火相生的格局。	就像樹木生長旺盛而開花結果，必然大富大貴、事業有成。
木形帶土	如果臉色過黃、臉頰較方而厚重、筋肉堅硬、紋路太粗，就要歸類到木形帶土。	會隨著流年運限的不同，而帶來生病受傷，或是事業上的波折及破財的現象。

資料來源：彙整自《面相學幫你改運招桃花》p.41-42

003 水形人

以圓潤肥軟為主，骨骼較小而肉多，且身材也以「肥胖多肉」為符合標準。一般來說，「水形成局」的人以臉型渾圓，而面黑（本色）或白色（生色）、五官圓潤為原則，也就是以「圓」字為代表。

這種水形人的性格是：態度謙虛而恭敬，有禮貌而溫和，行動舉止穩重而安逸、不慌不忙，讓人覺得此人非常「樂觀知命」。通常符合這種標準格局的人，天生就帶有福氣，常會因為為人忠厚而有好報，並且獲得意料之外的財利。這種格局的人，很容易在商界成功人士的臉上看到。因為一般水形人大多主富或先富而後貴。

不過，大多數人都不一定是標準的水形人，有以下幾種不同的「變格」，其所面臨的運勢好壞，則各有不同。

表1-4
水形人變格的代表運勢

變格	形狀	代表結果
水火交戰	如果臉型上下帶尖、五官太露、青筋浮起、臉色發紅而乾燥，是屬於水火交戰的相貌。	水形人如果是混雜的狀況，最忌諱水火交戰。如果是水火相剋的情形，會破壞福報，也可能招來災禍。會隨著流年運限的不同，而帶來生病受傷，或是事業上的波折及破財的現象。
水形帶土	如果臉上的肌肉浮現很多青筋、臉色暗黃、循環滯塞、五官粗重，是水形帶土的現象。	是壞運氣與生活勞苦的徵兆。
金生麗水	凡是皮膚白皙、骨骼堅實、五官端正的人，都是金生麗水的現象。	水形人最喜歡金來相生，代表一定會大富大貴。
水木相生	如果五官秀麗修長、臉色光亮而帶褐色，是為水木相生的格局。	會有富貴的運勢且聲名顯揚。

資料來源：彙整自《面相學幫你改運招桃花》p.43

004 火形人

這種人的臉型以尖削為主，通常骨骼比較突出而上下皆尖削，也就是所謂的「菱形」，且皮膚顏色較為偏紅。火形人與其他五行不同的地方在於：火形人最不喜歡「火形成局」（臉型上銳下尖、臉色紅潤、筋骨浮露、臉上多紋，就是成形的格局）。因為古代面相認為，如果火形成局的話，反而會為當事人帶來孤獨、悲傷，且容易有外傷災難發生。

這是由於火形成局的人，個性及行為都較為急躁且聲音帶啞，給人性子急且十分辛勞忙碌的感覺。古相書認為，火之成形者，可能做事缺少耐性，再加上性格比較孤僻高傲，除非是從事革新或改造的工作，否則有可能會出現大起大落的運勢，且和親人朋友的緣分也很淡。

火形人多半是相格中較差的格局。一般來說，這種格局的人心性較為急躁而衝動，所以需要學習涵養忍讓、培養謙和的德行。只要能夠修心改相，就會有富貴好運勢。

不過，大多數人都不一定是標準的火形人，有以下幾種不同的「變格」，其所面臨的運勢好壞，則各有不同。

表1-5
火形人變格的代表運勢

變格	形狀	代表結果
火得木生	臉型上下帶長、五官秀麗，就是所謂的木得火生。	火形人如果是混雜的型態，最喜歡見到木。此種人能量來源充足、富貴延長而少災難。
火土相生	臉部上半較尖銳、下半部較豐滿，膚色又帶黃、滋潤，而且五官厚重，是所謂「火土相生」格。	火形人又喜歡見土，可以洩火的氣。早年的運氣比較辛苦，但是中晚年就比較富足。
火形逢水	臉型圓潤肥軟、骨少肉多，且皮膚多白或黑色。	火形人本來就偏向勞碌辛苦，如多見水，則可拋棄本形，而轉成為水形，就是中年發福之後，以水形為主體來判斷，有福祿豐足的現象。
火金交戰	凡是臉型上銳下尖，而臉色蒼白的人，是屬於火金交戰的格局。	火形人最忌諱金來破格，為「火金交戰」，要小心意外和傷害。

資料來源：彙整自《面相學幫你改運招桃花》p.44-45

005 土形人

凡是土形人，都以臉型方圓或橢圓形、肌肉堅實、臉色微黃、五官飽滿為主要的標準。通常這類型人的外形，都符合「中正平和」的原則，也就是骨肉平均、不長不短而趨近於中庸。

由於土形人的性情圓滿穩重，且堅忍有毅力，所以土形成局的人在個性上多半會謹慎而勤快，給人踏實、可信賴的感覺。土形人通常理想高遠、胸懷大志，不但可以肩負重責大任，而且行事都能任勞任怨。再加上土形人做事情時，比較能夠多方考慮，也是面相書中認為，常常會出現領袖人才，能對社會國家做出偉大貢獻者的格局。

只不過，由於大多數人，都不一定是標準的土形人，而出現了以下幾種不同的「變格」，其所面臨的運勢好壞，則各有不同。

表1-6

土形人變格的代表運勢

變格	形狀	代表結果
水土交戰	土形人搭配薄小的五官，或是輪廓軟弱無力、肉細小而顏色帶黃，稱之為水土交戰。	土形人的混雜型，最忌諱見水或見木，犯水木交戰的話，就屬於貧窮勞苦現象，恐怕會一生碌碌無成。
土形帶木	如果臉型上下帶長，五官細小而形狀較長，是土形帶木的現象。	可能會有容易受傷的情形，隨著流年運限的不同，而帶來生病受傷，或是事業上的波折及破財的現象。

資料來源：彙整自《面相學幫你改運招桃花》p.46

根據臉型所區分的五行人，只是為了讓人一目了然的極端分類，因為大多數人都是混合形，很少有人的臉型只單屬某一形狀。例如，有人臉型長，但膚色可能偏黑，代表此人是「木形人帶水」的格局；假設臉色微紅，則是屬於「木形人帶火」的格局。所以，要準確地透過臉型而看出一個人的個性，必須從不同面向進行綜合性的分析，才能客觀判斷並具有高準確性。

表1-7
五行人的外在特徵、個性與適合職業

形狀 方

性情 義

形態 臉色白、方臉、小頭、肩背瘦小、小腹、小手足。

特徵 面方耳正、眉目清秀，唇齒得配、手小腰圓，膚色白中帶黃，聲和潤清高如金聲。

個性與適合職業

個性較為剛強堅硬，有稜有角，處事一板一眼，能靜能動，獨立而意志堅強，非常有原則且清廉，判斷力強，適合擔任公務員。

形狀 長

性情 仁

形態 臉色蒼白、小頭、長臉、大肩背、小手足。

特徵 身材疊直修長，睛青口闊神足，腰圓體正，膚色青帶黑，聲音細小。

個性與適合職業

個性上，木形人多仁，才能卓越、處世慢條斯理、雍容自得，且多理想，適合當哲學家。

形狀 圓

性情 智

形態 臉色黑、臉不平、大頭、頰部寬廣、小肩、小腹、小手足。

特徵 身材豐滿渾圓、骨正肉實，眼大眉粗，膚色黑或黑中帶白，聲圓急飄揚。

個性與適合職業

古代相書認為水形人不夠誠懇，會欺騙人。但以現代眼光，水形人足智多謀、能屈能伸、處事圓融、做事積極。適合從商，也適合擔任談判者。不過，水形人較神經質，較容易得罪人。

表1-7

五行人的外在特徵、個性與適合職業

火形人

形狀 尖

性情 禮

形態 臉色紅、顏面肌肉凹、身體部發育勻稱、大手足。

特徵 上尖下闊，髮鬚少、面紅，膚色明潤帶青，口小、頭高方，聲焦烈。

個性與適合職業

儘管個性如火般急躁、缺乏耐性、不夠穩定，但具創造力、點子很多，常能出奇致勝。所以，很適合從事創意方面的工作。

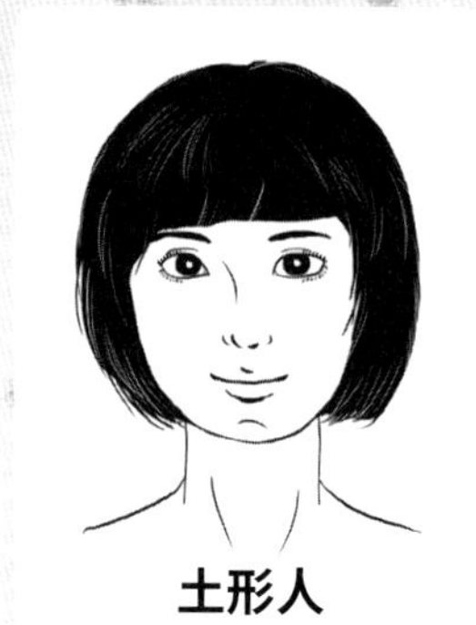

土形人

形狀 厚

性情 信

形態 臉色黃、圓臉、大頭、肩背健美、大腹、大手足、肌肉豐滿。

特徵 體型較胖，頭圓項短、背厚，膚色帶黃紅，發音較響。

個性與適合職業

個性如土般敦厚踏實，給人信賴、踏實之感。為人謹慎、重信諾、冷靜沉著、淡泊名利，善於與人和睦相處。無論從商或公職，都相當合適。

資料來源：彙整自《看相養病》p.28-35

臉部三停格局

古代面相師除了從臉部的外形，來判斷一個人的個性與運勢外，也會仔細觀察臉部上、中、下三部位（即所謂的上停、中停、下停的「三停」）比例，來判斷此人少年、中年與老年的運勢。

表1-8

上停

重點

額闊豐滿、高廣光滑稱為「有天」，主貴。

代表部位

從髮際到眉間（額頭）

代表年齡

15~30 歲

所主運勢

青少年運。若是男人，又代表才華與智慧、父母、思想、聰明才智。

好　運

額頭容光煥發、無痕無傷，表示「有祖蔭」，可以得到父母與長輩的庇蔭。不論有沒有出生在富貴的家庭，青少年的運勢都會不錯。

壞　運

額頭狹窄凹陷，又有傷痕及污點時，就代表早年運勢不好，就算生長在富貴的家庭裡，也難免會多災多難。

表1-9
中停

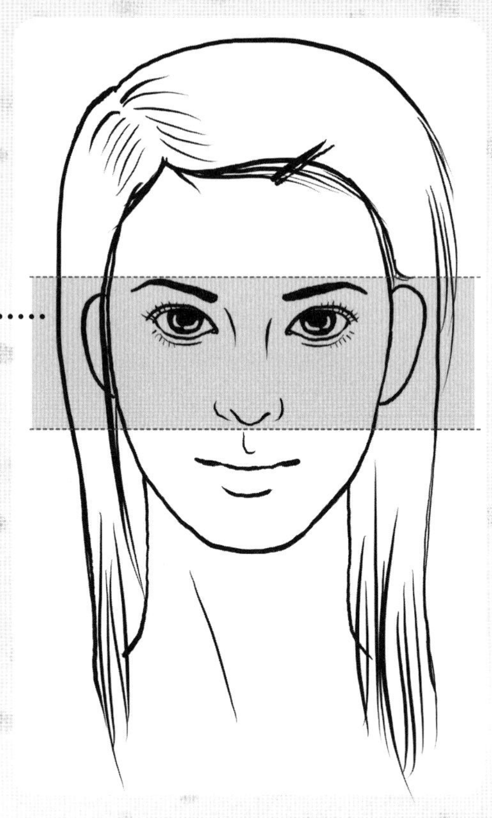

代表部位

從眉間到鼻尖（眉、眼、鼻、顴骨等）。

代表年齡

31~50 歲

所主運勢

中年運。人際關係、感情、父母等。

好　運

鼻型豐潤圓滿，且沒有傷痕時，表示中年運勢不錯。

壞　運

如果「中停」過長或過短，不但臉型比例會顯得過於突兀，也代表容易導致厄運。建議最好能多多行善與積德，等待晚年運勢轉好。

表1-10
下停

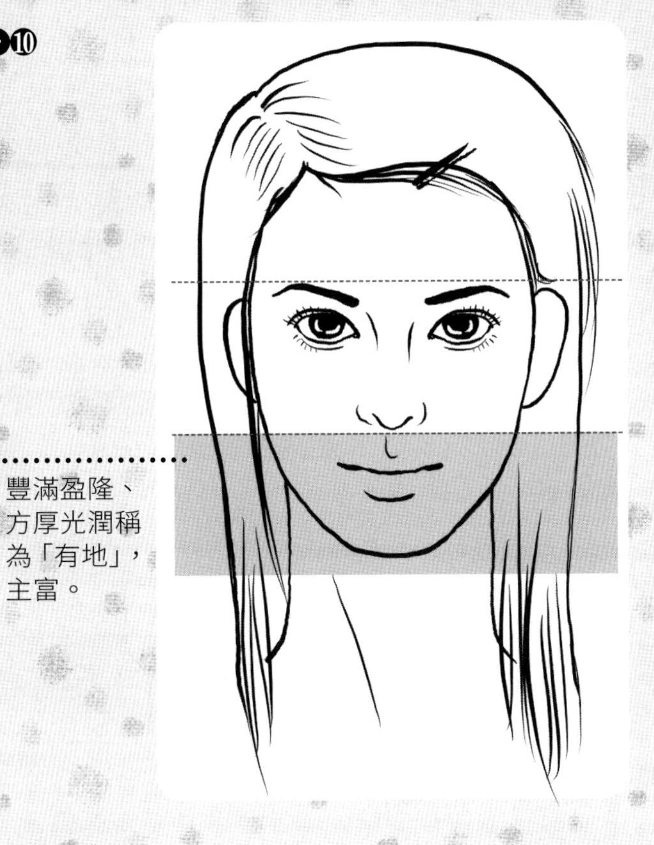

代表部位

頦：從鼻尖到下巴（人中、嘴巴、法令、下顎）。

代表年齡

51~ 晚年

所主運勢

晚年運。若是女人，又代表福分與子女運。企圖心、執行力、決心。

好　運

地閣豐隆且沒有傷痕與污點時，表示此人身心健康、家庭和樂。

壞　運

假設下巴太窄、太小，再加上有傷痕污點，則要小心晚年可能會遭受不幸。

資料來源：彙整自《面相一本通》p.13-15、《看相養病》p.38-43

事實上，「三停」還可以進一步區分為更小的區塊。而且，不同的部位所代表的意義也不一樣。以「上停」為例，又可分為上額、中額及下額，這三個區塊分別掌管與代表的意義也不同。

表1-11
額頭三區塊的命相特點

部位	掌管
上額	智慧、分析能力
中額	記憶、推理能力
下額	反應、觀察能力

資料來源：彙整自《看相養病》p.39

一個人的額頭長得如何，也關係到個人的運勢、性情與發展。

面相學上，習慣以「天庭飽滿」來形容一個人的面相優異。正因為額頭在面相中的重要性，近幾年風行的微整形界中，也常見使用玻尿酸來「豐滿額頭」，期望能幫當事人打造一個貴婦面相。

「額頭長得好」不但代表父母祖輩的庇蔭，也是知識的寶庫、智慧的象徵，更是決定一生運氣好壞的重要部位。一般來說，如果額頭飽滿、少紋理，代表一生幸福、貴人扶持、福澤深厚；相反的，則代表身體健康欠佳，甚至是事業與財運的不濟。

表1-12
額頭的高度決定氣度

寬圓飽滿

額頭圓滿，甚至泛著亮光的人，認為「奮鬥的過程」是一種光榮的表現，聰明且思考力強、行動力高，樂於與大家共享成功的果實，在人際關係上能優游自得，因此貴人運特強，通常能借貴人的扶持脫穎而出。

窄短斜小

此種人具有獨立性格，意志堅強有耐力，但是個性偏向悲觀，常常想得太多，卻又做得很少，且容易精神緊張、情緒不穩，小心會讓各方面「成事不易」，或是錯失了大好良機。如果能夠徹底修正個性、樂觀行事，則可望大器晚成。

高

髮際至眉毛的距離，如果超過三指橫幅就屬於「高額頭」，反之則是「低額頭」。擁有高額頭的人，聰穎敏捷、求知慾旺、好奇心重，對追求答案與激發創意上，具有相當的行動力。思考力強、學習力高，常能舉一反三，不論讀書或工作都能如魚得水。此外，這類人桃花運多、人緣暢旺，但要小心善用智慧處理，才不會招來桃花劫。

凸形

寬圓飽滿的額頭就是好額相，其中又以凸形額為最佳。有這樣額頭的人聰明伶俐、才華洋溢、感情豐富，擁有個人風格，更具有優秀的判斷力，能在重要場合中充分展現自我，並且贏得他人的認同與喜愛，自然能在職場上嶄露頭角。

表1-12
額頭的高度決定氣度

美人尖

美人尖是指髮際（頭髮跟前額的接線）中間向下V字形突出的部分，許多人以為這是性感的象徵，但是古代相書認為，由於髮尖所指的方向是命宮與事業宮，雖然這類人的個性溫柔多情、人際桃花處處開。但是會因為過於固執己見，聽不進他人勸導而勞碌辛苦，常遭遇失敗挫折。所以建議美人尖特別明顯時，可以修髮將尖狀修去，化解沖煞帶來的不安與影響。

M字形額

這種額相的人感覺敏銳、心思細膩、獨創力及洞察力均佳，富有極佳的創意及獨特思維，且多才多藝、吃苦耐勞不畏艱難，雖然不是理財高手，但是事業經過一番努力之後，都能獲得一定的成就。另一方面，雖然這種人的人際關係佳、朋友很多，有利於事業及財運的擴展，但也要小心處理感情方面的問題，以免麻煩近身。

低額頭

額頭低的人雖然做事刻苦耐勞，卻容易因為自信心不足而見異思遷，最後導致不成功；另一方面，也要小心因個性過於一板一眼、不知變通活用，影響了自我學習與成功的機會。

資料來源：彙整自《雨揚開運手面相》p.109-111

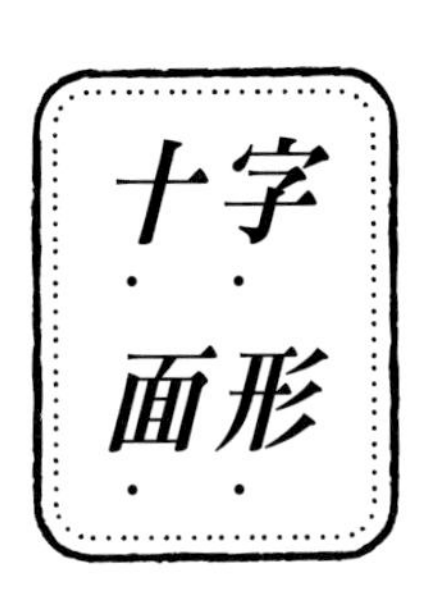

古代面相師除了依據臉型的五行分類，看出一個人的個性與運勢好壞外，更有所謂的「十字面形」相法。這跟上述五行人臉型的區分方法是一樣的，都是單從臉部的外形特徵，歸納整理出當事人的個性與命運發展。

表❶-⑬

「十字面形」人的個性和命運

同字

臉型

臉型方正、又寬又長，且天倉（額頭）飽滿、地閣（下巴）平正，是一般人所謂「相貌堂堂」的臉型。這種臉型又稱為「白板臉」，會比方而短的「豆干臉」（田字臉）還要寬廣一些。

個性

❶ 行事主觀、個性固執。
❷ 精力充沛，做事認真且有魄力。
❸ 注重情感，率直坦白，家庭觀念重，個性則是「吃軟不吃硬」。

田字

臉型

又稱為「豆干臉」，其典型特徵是「臉型方闊而飽滿」。簡單來說，就是面短而帶方，上下左右對等方正，就像正方形的豆干一般。

個性

❶ 個性穩重、意志堅強。
❷ 做事實際、刻苦耐勞，是最佳創業人才。
❸ 言行一致且富責任感。

表1-13

「十字面形」人的個性和命運

目字

臉型

屬於狹長的臉型（長方形），寬度比同字形臉要窄，又稱為「馬臉」。

個性

❶ 性格溫和、言行優雅。
❷ 行事慵懶，這是因為目字臉的中停「短促而小」，中停主掌「行動力」，因此行動力會受到一些影響。
❸ 想法多，但應避免思考過於自我封閉。這是因為目字臉的人，上停的特點是「天庭高而狹」，上停主「思考力與智慧」，因此額頭狹窄的人，思想比較保守，遇到困難容易鑽牛角尖。
❹ 依計畫行事、不重細節，應變能力較差。
❺ 嗜好多、藝雜才高，擁有多項技術，屬於技術性人才。

甲字

臉型

上寬下窄，形狀就像一個「倒三角形」。

個性

甲形臉與五行中「木形人」外形有八成吻合，其個性大致有以下三項重點：
❶ 細心敏銳、善於分析。
❷ 機智聰穎、擅於變通。
❸ 多思少成、缺乏信心。
由於甲字臉的中停窄於上停，因此理論發想多於實踐，恐怕會容易流於空想，而導致執行力不高。這類臉型的人非常適合當軍師，凡事不要想「強出頭」、「做老大」；且由於下停削弱，下焦偏弱，所以要特別小心壽命並不堅韌、耐受性差，且事業、錢財和親友皆有留不住的情形發生。

表1-13
「十字面形」人的個性和命運

由字

臉型

又稱為「柚子臉」，像柚子一樣，「上窄下寬」的「正三角形」臉型。

個性

❶ 處事積極，苦盡甘來。
因為上停主思考力、中停主行動力。所以，由字臉並不會像甲字臉型人那樣「思而不行」，反而是執行力與行動力都強，凡事說到做到且親力親為。只是因為上停比較狹窄，所以思考力與記憶力都比較差。由字臉雖然上窄下寬，卻不代表額頭的高度不夠；且因為下停主「豐潤」，所以由字臉的人守成力佳，最後運勢將漸入佳境、苦盡甘來。

❷ 刻苦耐勞，固執己見。
由於上停狹窄，代表早年環境不好，凡事需要靠自己打拚，造就了這種人的堅忍刻苦個性；不過，可能要小心因為思考力不佳，造成個性倔強、不太輕易接受他人的建言。

❸ 率直重慾，重視家庭。
這是因為下停主情愛、欲望及享樂，且下庭寬闊也表示重視家庭，晚年運勢漸入佳境。

申字

臉型

上下窄、中間闊，形狀有如一個菱形，是甲字臉與由字臉的合體。至於一般所謂的「鵝蛋臉」，則是申字臉的變形。

個性

❶ 個性衝動、不易相處。
因為只有中停所代表的行動力強，但上停與下停的思考及守成能力都不足，要小心做什麼事，都只能維持三分鐘熱度，且容易因為情緒化、出爾反爾及情緒管理不佳，而無法與其他人和諧相處。

表1-13

「十字面形」人的個性和命運

❷ 雙重性格、憂鬱緊張。

這是因為下停尖窄，原本就缺乏自信與守成能力，因此容易心口不一、三心二意、舉棋不定。另外要小心上停過於狹窄時，由於思想較無條理、決斷力差，造成優柔寡斷的個性。

❸ 重視美感、自尊心強。好面子、追求外在美感，所以適合擔任藝術家與表演家。

圓字

臉型

臉部圓肥，形狀有如一個圓形。

個性

❶ 物質主義、多慾少滿足。

圓字臉的人跟由字臉人一樣，具有物質欲望較強的個性，好在野心不大，不會貪心及與人計較，且善於管理金錢，過著有品味的生活，適合持久而穩定的工作。

❷ 思想靈活、圓融通變。

因為上停圓潤，所以思想也靈活而多變通、交際手腕佳，做事平穩不急躁且適應力強。

❸ 擅長交際、善體人意。

因人緣佳，且有隨和的個性與外表，非常適合從事公關工作或餐飲業，頗有異性緣。但缺乏果斷的主見，做事容易含混及拖拉。

風字

臉型

特徵是「上下皆大而中間小」，也就是「上下外張、頰處凹陷」，其最大特徵就是兩頰的腮骨突出，稱之為「腦後見腮」或「暴腮」。此外，風字臉的人一定有「兩垂一短」的特點，也就是垂頤、垂頷與頸短，也就是下停屬於「肥而鬆弛下垂」。由於先天或健康之人，不會出現風字臉的情況，所以，風字臉表示已屬病態。

表1-13

「十字面形」人的個性和命運

個性

❶ 學習力強、應變較慢。

額寬的人雖然腦力發達、反應能力迅速、博學而多聞，但因風字臉的人天蒼（顴骨）略為凹陷，思考上較容易反覆不定、胡思亂想。風字臉的人要特別小心已有退化性的疾病，造成新陳代謝逐漸趨緩慢、大腦皮質層作用比較遲滯，對事物的應變能力有越來越緩慢遲鈍的現象。

❷ 多思少成、個性慵懶。

因為中停狹窄、行動力差，所以做什麼事都積極不起來。

❸ 性情隨和、少言內斂。

由於風字臉是「骨少肉多」，所以溫和好相處、少言而內斂，只是隨和的程度不如圓字臉的人。

臉型

用字臉可視為「同字臉」的變形，但其特徵為「長方而五官不正，下停向一邊歪斜」，且多有五官不對稱的狀況，且「骨多於肉」，可歸屬於金形人的破局。

個性

❶ 容易意氣用事。

因為歸屬於金形人，所以個性比較剛硬、有義氣，若沒有理智的配合下，容易被人利用去做壞事。

❷ 好勝心強。

相書上認為臉部歪斜的人，個性比較硬、直，所以比較容易剛愎自用，思考也不懂得圓融變通。

❸ 不善表達。

相書認為一邊的腮幫或過於突出，性格就會出現反覆不定的「雙重性格」，一下子活躍、一下子抑鬱寡歡；對外人很熱心，對家人很嚴苛、冷漠。平常不善於表達自己的想法，也不善於與人溝通。

表1-13

「十字面形」人的個性和命運

王字

臉型

其特徵就是「三突兩凹」，即額骨、顴骨與腮骨三骨突出，天倉與臉頰兩處凹陷，呈現一種肉少骨多的「王」字形，且顯得特別骨瘦嶙峋。

個性

❶ 聰明固執、占有慾強。
因為上停思考力突出，容易給人主見強、固執己見的印象。

❷ 敢做敢為。
由於顴骨高，比較喜歡掌權，多半有本位主義的傾向，再加上顴骨代表行動力，因此很適合從事軍警職。

❸ 志氣堅定、勢在必得。
由於下停主守成，所以腮骨橫張下，更凸顯其意志堅定、勢在必得。

資料來源：彙整自《看相養病》p.46-196

五官・長相・

從三停所占的比例，以及面相中最重要的額頭，快速掌握一個人的運勢概況後，接下來就可以逐一檢視當事人的五官長相，能看出一個人的人生觀、智力、感情、人緣、體力、運途、壽命、健康等。

表1-14

耳朵

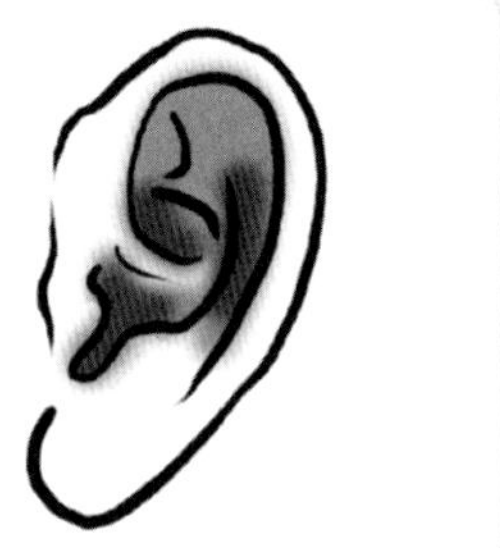

官　名

採聽官

行　運

1~14 歲

代　表

耳朵司聽覺，並且得自雙親的遺傳，與環境有極大的關係。因此古代相書上認為，由耳朵能看出一個人的財勢、性格、壽命與健康（腎臟的強弱）。一般來說，如果耳朵太薄或太小，代表福分不夠、體質恐怕也較為虛弱。且所謂「耳大福大、耳小氣小」，從耳相的好壞不難看出一個人的福分厚薄。此外，耳垂圓滿豐厚除了代表「好福氣」之外，也是「財運」及「好口才」的代表。

好相標準

耳色要鮮（紅潤或瑩白，且耳朵的顏色白過於臉更佳）、耳高於眉、輪廓分明、秀氣而長、風門（耳洞）寬大（代表能快速吸收外界資訊，智慮較深遠）、貼肉厚實、大小一致，且耳朵的大小比例，應該要配合整個頭部與臉部。

表1-15

眉毛

官　名

保壽官
(為「十二宮」的「兄弟宮」)

行　運

31~34 歲

代　表

古代相書認為「問祿在眉」，這是因為從一個人的眉毛，可以看出這個人的性格、感情、智力（數學能力、文章表現能力）、美感、社交、人際關係（一般眉頭上緣是看朋友，眉尾上緣則是看親戚），以及待人接物的態度與能力。

眉毛也是面相「十二宮」中「兄弟宮」的位置，所以，可同時判斷一個人的兄弟、朋友，以及對外關係，與「權柄」有很深的關聯性。從眉毛也可以看「夫妻情分」，眉長情長、眉短情短；眉頭代表「近財」（近期內手頭的現金）、眉尾代表「遠財」（未來能守住的錢財）。

好相標準

眉間寬廣（長度比眼睛稍長即可）、正好位在眉稜骨之上、眉尾有聚（眉尾沒有散亂的情形）、眉毛有彩（光澤）、毛流要順（眉毛由眉頭往眉尾生長，沒有逆亂的雜毛）且根根分明、眉形有揚（眉尾向上揚）。其中的「新月眉」與「柳葉眉」，則是最佳的女性眉形代表。

表1-16

眼睛

黑白分明、含藏不露、眼神端定、光彩照人、眼形清秀

官　名

監察官

行　運

35~40 歲

代　表

古代相書認為「問貴在眼」，意思就是：要看出一個人此生的富貴貧賤，「眼睛」位居非常關鍵的位置。此外，眼睛也可以看出一個人的人生觀，並可據此判斷這個人的言語、感覺、決斷、桃花、好色等。

表1-17

鼻子

鼻要挺直高隆（不可太凹或凸起有節）、印堂開闊、山根豐隆（不能太窄小低陷）、準頭圓潤、鼻翼對稱、鼻孔不露，並且搭配好的顴骨及法令紋。有的鼻相好而不發的人，主要原因就在於顴骨不佳。如果鼻相不好，再加上顴骨低陷的話，走中年運時，會馬前失蹄，遭遇家庭和事業的重大危機。

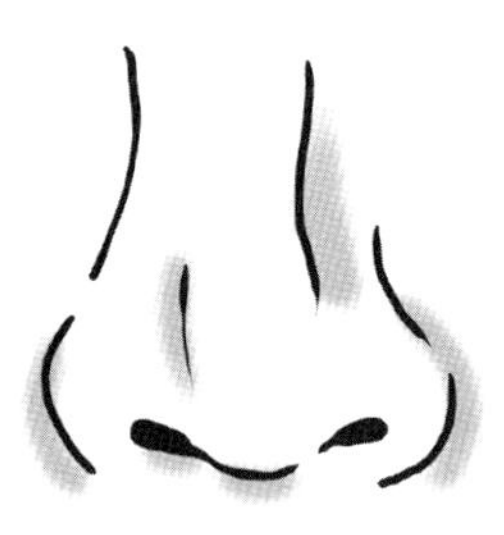

官　名

審辨官
（為十二宮的「疾厄宮」與「財帛宮」）

行　運

41~50 歲

代　表

鼻子在十二宮位中，擁有兩大宮位，其中的山根位置，稱為「疾厄宮」，而鼻樑到準頭的位置，則稱為「財帛宮」。單從名稱上來看，就知道鼻子掌管了一個人的健康與財富。這是因為鼻子壯闊表「肺氣足」，反應到人體的健康與人生中，就代表了身體、精力、智慧等都欣欣向榮。此外，古代相書認為「問鼻在富」，而從鼻子的不同部位，可以觀察一個人財運的不同面向：鼻樑是賺錢、進財的能力；準頭是進財的運勢；鼻翼是儲存財富的金庫；鼻孔則是花錢的態度。也有人認為，山根代表自尊心與呼吸系統、年壽（接近印堂位置）是看意志力與消化系統，鼻頭則與理財及泌尿系統有關。除此之外，女性朋友的鼻子又稱為「夫星」，也就是能夠看出美眉另一半的成就。

表1-18

嘴巴

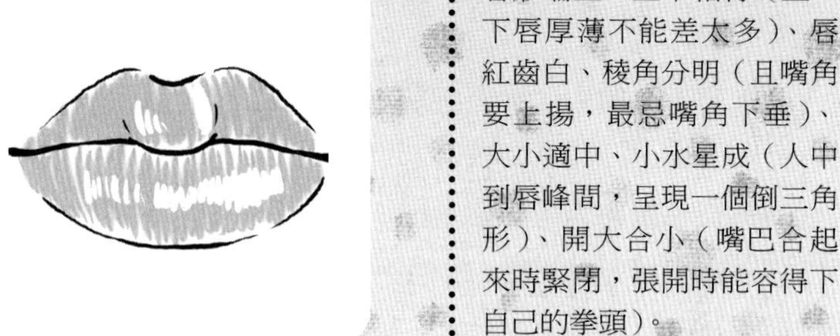

官　名

出納官

行　運

51~60 歲

嘴唇在相學上的含義，代表晚運和子女的關係，也與個人是非禍福及人際關係有關。嘴巴除了被稱為「出納官」之外，也是所謂的「情愛宮」。也就是說，好的唇形會影響一個人的婚姻關係好壞。

好相標準

唇形端正、上下相符（上、下唇厚薄不能差太多）、唇紅齒白、稜角分明（且嘴角要上揚，最忌嘴角下垂）、大小適中、小水星成（人中到唇峰間，呈現一個倒三角形）、開大合小（嘴巴合起來時緊閉，張開時能容得下自己的拳頭）。

資料來源：彙整自《面相一本通》p.16-17、《面相學幫你改運招桃花》p.62、63、67-69、72-73、79-80、90、126-127、《雨揚開運手面相》p.112-134、《如何一眼看穿人》p.40-133、《看相養病》p.41、《人體臉書》p.32-115、《五彩五官開運彩妝》p.61

1　眉毛

如果以一個人的五官來看，首先印入眼裡的，應該就屬眉毛了。位於眼睛之上的眉毛，雖然不是器官，沒有太多生理上的功能。但在古代相書上，它卻有相當重要的地位。

古人常說：「眉目傳情。」所以，眉毛在一定程度上跟眼睛一樣，傳達並代表了一個人的情感與理智的變化。關於「眉毛」的看相重點，則見下列所整理的內容。

001 眉毛外形的相學意涵

長短

❶ 眉毛長的人：氣定神閒、思慮較久，且因為具有藝術氣息，桃花旺、人緣佳，因人際關係順利，比較能得到親人及朋友們的協助。

❷ 眉毛短的人：思緒動得快，具果斷力，但可能因此得罪人而不自知。切忌因為個性較為急躁、耐性不佳，且對小事比較看不開，而影響了與兄弟姊妹等同輩的人際關係。

濃淡

❶ 眉毛濃的人：精氣神充足，身體強健，且普遍心地善良、個性耿直、有話直說且處事果斷，是具有統御能力的領導人才。但要小心有時衝過了頭，反倒因為偏激、魯莽行為而得罪人。

❷ 眉毛淡的人：個性內向、理性，不但心思細膩且處事謹慎，是很有謀略的人才。不過要特別小心不要凡事只為自己著想，而影響了人際間的互動。眉毛淡的人還要注意健康方面，可能身體機能較差、氣血循環較差，一定要特別重視養生之道，才能長壽健康。

古代相書上有「眉頭主感情、眉尾主理智」這句話。所以，從眉頭或眉尾的濃淡，也可以看出一個人的感情與理智狀況。此外，眉尾是妻子財帛宮，眉尾散或眉毛前濃後淡，恐怕會影響 34 歲以前的聚財以及夫妻緣分。

整齊與否

如果眉毛縱橫交錯有如亂草，則反應出此人思維難以集中與行事反覆不定，可能會因為持續力不足，而常發生「半途而廢」的情形，或是因為喜怒無常，而影響到人際關係。

中斷相連

眉毛中間有裂斷的人，恐怕會有個性急躁、優柔寡斷、猶豫不決、待人欠缺熱忱、處事消極無魄力的問題。長久下來，可能會影響與手足或家人之間的緣分，甚至是職場上的人際關係與運勢。

粗細

❶ **眉毛粗的人：**決斷快、有勇氣、意志、信念強。特別是有濃眉的女性，個性容易好強、工作能力也強，大多會成為職業婦女或女強人。

❷ **眉毛細的人：**有些神經質，具有協調性且善解人心；不過，若眉毛太細，則要小心爛桃花。

曲直

❶ **曲線眉（眉往下垂）的人：**對任何事都有極佳的應變與柔軟性。

❷ **直線眉（眉往上揚）的人：**個性單純、直率，且是相當有原則的人。

眉間寬窄

以一指寬為準，超過兩指就算過寬。

❶ **眉間寬的人：**性格大方、度量大、有包容力；心胸寬大，要小心容易因為過於聽信他人而受騙上當。

❷ **眉間窄的人：**通常比較神經質一些，但優點是頭腦好、擅於察覺人心。不過，也由於眉間窄的關係，外表上往往給人心事重重的感覺，切忌因為急躁、喜歡鑽牛角尖的個性，而影響了一生的運勢、財運或婚姻緣。

❸ **眉眼距窄的人：**就是所謂「眉壓眼」，不足一指寬。個性相當積極、主動，但也要小心因為衝動與急躁，影響人緣變差與運勢的起伏。

資料來源：彙整自《面相一本通》p.16-17、《面相學幫你改運招桃花》p.62、63、67-69、72-73、79-80、90、126-127、《雨揚開運手面相》p.112-134、《如何一眼看穿人》p.40-133、《看相養病》p.41、《人體臉書》p.32-115、《五彩五官開運彩妝》p.61

表1-19

各種眉形的相學意涵

彎月形

形　狀　彎曲如環，又稱為「三月眉」、「新月眉」或「女眉」。

相學意涵　擁有這種眉形的美眉，因為富有文學藝術氣息且感情豐富而細膩，思慮也很深遠，再加上性情溫和，凡事不會與人有所衝突，所以很容易成名。但有這種眉形的人，要小心不能「彎曲如波浪」，或是出現眉形更細的「絲眉」，否則就有可能因為個性常起伏無常、好高騖遠或是意志力薄弱，而導致做事很難成功。

ㄟ字形

形　狀　又稱「工作眉」

相學意涵　有這種眉的人熱情大膽，有野心、自尊心及執行力，喜愛工作並富有金錢運。所以，此眉形常會在主管身上看見。如果是美眉有此眉形，則是具有男性化及固執性格的女強人，且在工作上能夠展現出「獨當一面」的成果，但也要小心因為個性太過強勢，而影響到婚姻的美滿。

尖刀形

形　狀　眉頭部位尖小、眉尾向後寬大並且散亂，眉骨高、硬而濃，呈劍形且直線式的眉，又稱「刀眉」、「劍眉」或「義經眉」。

相學意涵　古代相書認為有這種眉的人，具有勇氣、決斷力、意志力和實行力，是最能從勞苦中克服困難並成功的人。但要特別注意因為脾氣可能較差、感情淡薄、重視自己比別人還多，容易與人因小事而惹是生非，特別是女性朋友們，更要注意人際關係上的相處。

表1-19

各種眉形的相學意涵

形狀 以眉中央做基點，兩端下斜呈三角形眉。

相學意涵 這種眉形可以說是自尊心和意志均強的男眉代表。美眉們如果是三角形眉，因為精力非常充沛，可以說是行動力、忍耐力及決斷力皆備，很容易在事業上獲得成功。

三角形

形狀 好像用毛筆寫「一」字，又有「男眉」或「羅漢眉」之稱。

相學意涵 擁有此眉的人反應快、個性耿直、說一不二、有決斷力且充滿自信、志向遠大、好勝心強、思考縝密，做事非常有計畫。有此眉形的女性，可以說是巾幗不讓鬚眉，恐怕會少了些女人味，在人際關係上受到影響。

一字形

形狀 眉毛細彎如柳葉。

相學意涵 如果是女性，一般個性都非常良順、有文才、具有敏銳的美感，所以擅長文章方面的表現，且普遍都出生於幸福的家庭，並得長輩疼愛。這樣的眉形若長在男性的臉上，則有點過於柔弱及缺乏男性氣概，要小心無耐力及依賴心強的性格缺點。

柳葉形

形狀 眉毛交錯而明顯不平順。

相學意涵 古相書上認為有這種眉形的人，恐怕很難控制自己的情緒並容易意氣用事。這樣的人若想要成功，一定要處理好自己的心境，避免因為做事情緒化，而壞了自己的好運。

交錯形

表1-19
各種眉形的相學意涵

形狀	左右眉呈現八字形，眉尾比眉頭粗，毛濃而下垂是其特色。	八字形
相學意涵	古書認為八字眉形的人「個性較懦弱、欠缺決斷力」，但事實上，他們只是比較不喜歡與人競爭或計較而已。這種與世無爭的特性，非常適合從事學術研究。由於八字眉的人個性隨和、樂於助人，要小心在花錢上因為太過直爽，而存不住財富。美眉們如果有八字眉，基本上身體健康比較弱一些，但優點是感情相當豐富。	
形狀	比一字眉更薄，幾乎透明的眉。	清秀眉
相學意涵	這是屬於頭腦清晰、性格明朗的秀才眉，且具有清廉的人品。但若要有成功的事業與財富，可能要多點執行力。	
形狀	眉尾稍微上揚者。	上揚眉
相學意涵	有這種眉形的人果敢堅忍、積極主動、精力充沛、聰明能幹、意志力及企圖心旺盛。雖然只要機運到了，很容易成功，但一定要注意避免自我意識過強，或做人不夠謙虛而壞了大事。只要凡事多點圓滑的個性，運程也會順遂許多。	

資料來源：《人可貌相》p.306-311、《如何一眼看穿人》p.112-116、《雨揚開運手面相》p.113-116

2 眼睛

位於眉毛之下的五官，就是被形容為「能夠說話」的眼睛了。古代相師針對五官所進行的「判斷」中，在「觀眼」部分，必定會先看「眼神」，再參考「眼形」。

簡單來說，「眼神」所觀察的是「內在」，至於「眼形」觀察的則是「外在」。眼睛內在的「眼神」，代表一個人的靈魂，能夠看出他的心性善惡與否。

通常，眼神要能符合「威而不嚴、正而不凶」的標準，才是真正良好的眼相。至於所謂的「外在眼相」，就是觀察眼睛外在的形狀、大小、長短及排列狀況等。

一般來說，眼睛的寬度和雙眼之間的距離，是以「右眼寬度：眼間距離：左眼寬度＝ 1：1：1」為黃金比例。也就是左、右兩眼寬度要相當，且兩眼之間的寬度也要等同於雙眼寬度，這才是最佳的眼形大小比例。至於「眼睛」的看相重點，則見下列所整理的內容。

01 內在眼神的相學意涵

柔和明亮

眼神柔和的人感情深濃；明亮者則意志堅強。

靈活與否

轉動較慢者，通常會先考慮自己；至於眼珠轉動速度快者，有人情味，但容易受他人影響。假設眼神靈活到即使不笑，眼神也透露笑意的人，反應敏銳、鬼點子多，常是團體中的意見領袖；如果再加上水汪汪的特質，便是俗稱的「桃花眼」，不論外貌或內在上，都顯現出十足的魅力。

神情強弱

當眼神強時，處事決斷英明，也不會出現拖泥帶水、猶豫不決的情形。特別是目光明亮、有精神者，其為人正直踏實，不卑不亢，路見不平時往往挺身而出、仗義執言，且意志力強、智慧超群，事業容易成功。

眼神弱的人，個性上恐怕也會優柔寡斷，遇事猶豫不決、不積極，容易產生怨天尤人的想法。

目光上下

目光上視的人，小心自我意識太過強烈、心高氣傲，千萬別因小事而動怒，以免帶給人目中無人的不良印象。

目光下視的人，在個性上，通常會很謹慎小心、心思細膩，但缺點是容易缺乏自信或有自卑感。這種不喜歡成為矚目焦點，也不擅與人交際應酬的個性，最好能努力改進。

眼神飄忽

眼神飄忽的人，其實很懂得察顏觀色，但一定要小心避免走險路、抄捷徑或是見風轉舵。此外，這種人似乎時刻思索著下一步該怎麼做，讓他人有其「心神不寧」的感覺。小心長久以往，也連帶容易發生意外事故。

惺忪睡眼

有些人的眼睛即使已經休息足夠，看起來仍然是勞累發睏或半開半閉的眼神。如果是因為體內精氣不足，或是健康因素的困擾，應該要學會徹底放鬆，或適度地治療及保養，以免讓外人有「工於心計、老謀深算，總在思索著如何圖利自己、絕不吃虧」的不佳印象。

目光呆滯

這種眼神就像拍照對不到焦距一樣，容易給人做事情抓不到重點，或者反應慢半拍的不好印象。久而久之在工作及事業上，也容易錯失良機，影響運勢的發展。建議可以加強危機處理，並多參與各項活動，藉以訓練臨場反應及專業能力。

眼神迷茫

又稱「醉眼」，眼神看起來就像喝酒後的醉醺迷濛。古代相書認為這類型的人，生性傭懶、企圖心不強，恐怕在人生運途上難以出人頭地，也容易被淘汰。如果想要擺脫窘困的人生，就必須更積極主動，並且保持企圖心及行動力才行。

眼神哀怨

習慣緊鎖雙眉的人，如果是因為近視的關係，最好配一付度數剛好的眼鏡或隱形眼鏡；如果是常常為事煩惱，而形成哀怨的眼神，則最好能調整心態，讓自己寬心釋懷，一方面可以避免積鬱成疾，另一方面也可藉著「相由心轉、運由心開」的道理，幫自己走出好運途。

資料來源：彙整自《面相一本通》p.16-17、《面相學幫你改運招桃花》p.62、63、67-69、72-73、79-80、90、126-127、《雨揚開運手面相》p.112-134、《如何一眼看穿人》p.40-133、《看相養病》p.41、《人體臉書》p.32-115、《五彩五官開運彩妝》p.61

表1-20

外在眼形的相學意涵

大小

眼睛大的人

個性直爽、膽子大、開朗熱情；多才多藝且善於推銷自己，對異性有吸引力。此外，眼睛大的人好奇心強，領悟力高、熱中學習新鮮事物，因此大多才華洋溢，容易功成名就，並為自己帶來好財運。但切忌感情用事，以免招來爛桃花，並且要小心「三分鐘熱度」的問題。擅長掌握人心，在各個場合都很受大家歡迎。

眼睛太小的人

個性比較保守、膽子小、被動，且精明謹慎，凡事講求證據，除非有十成的把握，否則不輕易相信。正因為眼睛小的人自我保護心重，待人處事存在高度警戒心，不輕易相信別人，所以常常是靠個人辛苦地單打獨鬥來闖蕩天下，好處是「行事較冷靜」。一旦認定某個人，不管對方是戀人還是朋友、上司，都會認真地與對方交往。

單雙眼皮

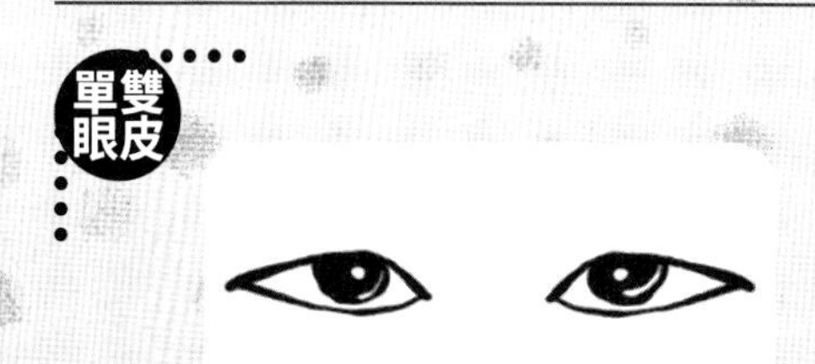

單眼皮的人

理性、冷靜且思考較細密、性情內斂，是屬於理智重於感情的人，即使面對心儀對象，也會矜持含蓄，故作鎮定；熱情不足的表現，常會使對方感到無趣，小心戀情發展不順。容易讓人感到陰沉的一面。另一方面，單眼皮的人忍耐力較強，抗壓性高，無論從業或創業均積極有為，更可望成為領導人才。

雙眼皮的人

感性、個性活潑、開朗、外放，且特別容易被感動，對於家人及朋友的貼心舉動或嘘寒問暖，點滴在心，尤其來自異性朋友的關懷，更是滿心歡喜，常常加倍回饋熱情與關心。社交手腕靈活，擅於交際且人際關係不錯，但容易受情緒左右，常常容易「想到什麼，就做什麼」。對於異性的要求如果「來者不拒」，很可能會陷入桃花劫難。

表1-20

外在眼形的相學意涵

單雙眼皮

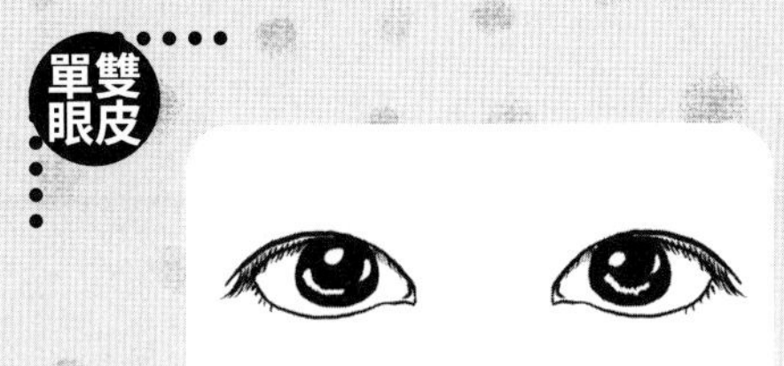

內雙眼皮的人

在理智與感情上都較為平衡，個性上兼具理性與感性的特質，不但處事圓融，同時也善解人意。

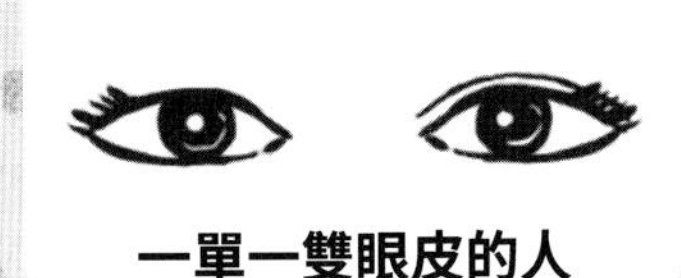

一單一雙眼皮的人

切忌不要常常自我矛盾，或情緒反覆的問題，以免影響到運勢的起伏不定。

眼白比重

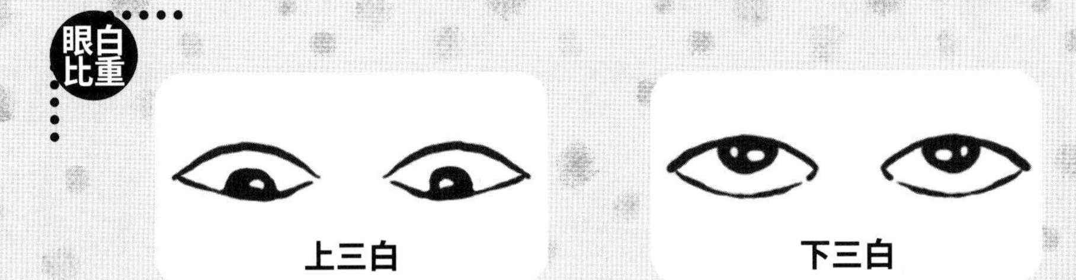

上三白

下三白

眼白比重太高（眼珠小，眼白較多），無論是上三白或下三白眼的人，甚至是四白眼的人，基本上個性就比較叛逆，也不喜歡受限於傳統規範。如果眼睛有這樣現象的人，平日最好要留意平衡個人心態，應該把對現實的不滿情緒，轉變為積極向上的動力，以免影響財運及損害人緣。

眼尾上下

眼尾上揚的人

聰明，個性較為主動，不但主觀意識較強，在感情上也比較容易表現出極強的占有慾。切記在婚姻中要控制好個人的情緒，才能維持美滿的婚姻。貴人運旺，但個性好強、自尊心高，容易流於「死腦筋」。然而，有做事認真、耐心持久的一面。

眼尾下垂的人

個性好、脾氣佳，樸實又顧家，且對異性有極大的吸引力。雖然有「不服輸」的個性，但對周遭不會抱持敵意，所以人際關係上的麻煩較少，且能在工作上有所作為。

表1-20

外在眼形的相學意涵

兩眼太近（小於一個眼睛）的人

心思比較閉塞，喜歡鑽牛角尖，性情也容易急躁，所以要特別小心避免招來小人。常常只對自己感興趣的事，才會特別關注。不擅長和他人交際，小心有「活在自己世界裡」的傾向。

兩眼太開（大於一個眼睛）的人

樂天大方，通常對事情比較沒有主見，很容易聽信於人，要特別小心避免上當受騙。非常有交際手腕，不管和任何人都能夠輕鬆地打成一片，但要小心太超過，容易發展成一夜情。

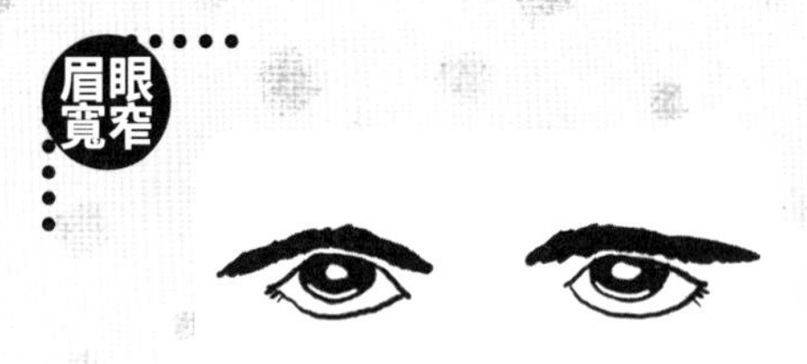

眉壓眼的人

眉毛與眼睛間的距離過窄（通常不超過一指的寬度）的人，小心會因為個性急躁的毛病，導致人緣變差。

眉與眼睛距離寬的人

雖然可能給人個性柔順、缺乏主張及無鬥志的感覺，卻有很好的「坐擁房產」的格局。

看起來比較迷人，但缺點是會顯得較有心事，與人交往之間頗有距離感。

眼睛凸出的人

如果是因為甲狀腺所引起的凸眼症狀，或深度近視造成的眼球變形，最好藉由治療來改善。但如果是天生凸露眼的人，小心給人個性較反覆，且耐力和毅力卻較不足的印象。

表1-20
外在眼形的相學意涵

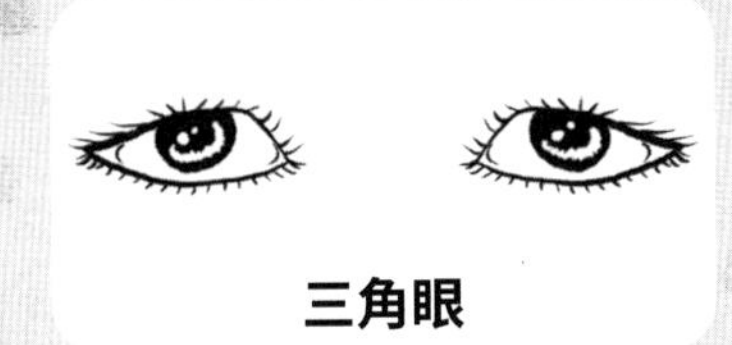
三角眼

少數人如果眼睛呈「等邊三角形」，往往是具有策略及規劃能力的人。但因為個性可能比較不喜講人情、不重視情義的關係，要小心會被視為較現實、有心機的代表。

資料來源：彙整自《面相一本通》p.16-17、《面相學幫你改運招桃花》p.62、63、67-69、72-73、79-80、90、126-127、《雨揚開運手面相》p.112-134、《如何一眼看穿人》p.40-133、《看相養病》p.41、《人體臉書》p.32-115、《五彩五官開運彩妝》p.61、《面相學幫你改運招桃花》p.160-167

3 鼻子

鼻子位居臉部的中央，在面相上代表了一個人的意志力、自尊心、自信心、道德觀念、理財能力，甚至是性能力的指標。從鼻相的好壞可以了解個人的性格運途、健康狀況、配偶契合度，以及事業財富的前途發展。

鼻子部位的相學意涵

山根

山根高代表此人先天體質健康，能在父母細心照顧之下，享受一個快樂

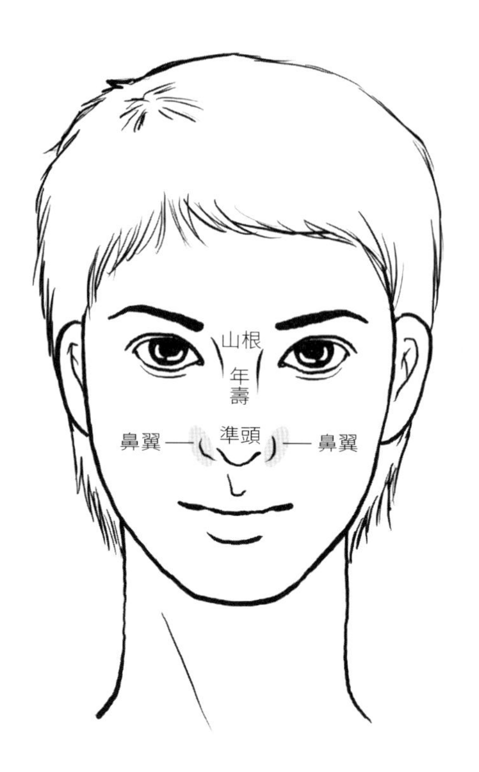

無憂的童年生活；但如果山根太高，恐怕會造成主觀意識過強，以及固執己見的問題，影響與他人和諧相處的情形。

山根低的人，個性上比較保守，自信心較低落，要小心容易因此固步自封，或排斥學習新觀念，而影響了日後職場上的運勢。

年壽

如果鼻樑歪斜或突起的人，則要小心因為自我意識過高、不懂得妥協的道理，而影響了人際關係與運途。

準頭

相書上認為，鼻準主「財祿」。也就是說，從鼻子的準頭，可以看出一個人能否享有豐厚的財運。

準頭圓大的人，因為體力好、耐力佳，事業上自然就容易成功，財運也同樣可期。

如果準頭上翹，又稱為「孩子鼻」，代表此人的個性及想法都像小孩一樣天真，而且對各種事物都充滿了好奇心、喜歡發問。對金錢的態度也比較天真，很容易因為不擅投資理財，而留不住財富

鼻翼

相書認為，「鼻翼有肉，招財之相」，正因為鼻翼代表一個人能否存住錢的「財庫」。如果鼻翼夠大，代表此人生財有道且善於理財；但如果鼻翼太小，就表示此人很難存到錢，或是只能存住小錢，而留不住大財。

至於所謂的「鼻翼不正」，就是兩邊鼻翼明顯不對稱，呈現一高一低，或是一大一小的情形。也有相書認為左鼻翼代表「進財」、右鼻翼代表「守財」。因此，當鼻翼兩邊大小或高低不一時，可能代表財運起伏不定，或是比較缺乏偏財運。因此，一定要少碰投機性或賭博性的金錢活動，以免傾家蕩產。

002 鼻子外觀的相學意涵

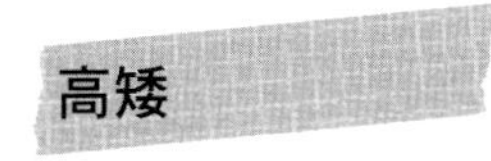

高矮

古相書認為，年壽（鼻子）高挺的人不但志氣高昂、活力旺盛、體力充沛，且樂觀正派、積極進取，當然容易在財運及事業運上，獲得極好的成績。如果同時配上高聳的顴骨，更代表具有領導才能。

年壽低的人，恐怕會因為先天體質的不理想，而有意志力較薄弱、做事猶豫不決的問題，進一步影響中年運勢。

資料來源：彙整自《面相一本通》p.16-17、《面相學幫你改運招桃花》p.62、63、67-69、72-73、79-80、90、126-127、《雨揚開運手面相》p.112-134、《如何一眼看穿人》p.40-133、《看相養病》p.41、《人體臉書》p.32-115、《五彩五官開運彩妝》p.61

大小

相書上說：「面大鼻小，不享夫福。」所以，女性鼻子的大小必須和臉型相配合，大小不相稱的鼻子，就算符合鼻樑高、準頭圓等標準，恐怕也會影響到婚姻上的美滿。

如果鼻子太大，可能會顯現出我意識過高，比較不願意聽信或採納他人的意見，甚至會顯現「自戀」情結的問題。這在面相學上稱為「孤峰獨聳」，代表在人際關係上，會出現很大的問題。

至於鼻子太小，因為遇事不會先考慮自己，反而讓別人有「自我意識低落」及「欠缺個人主見」的感覺，甚至容易出現被人牽著鼻子走的問題，並影響到整體財運。

另外與「大小」有關的，還有鼻孔大小。鼻孔太大的人個性較急且隨興，想到要投資什麼，就會立刻著手進行，切忌用錢無節制，最後守不住錢財。如果鼻孔太小（特別是鼻孔小，在正面又看不到鼻孔的人），則要小心因為對錢財過於斤斤計較，會被人評為「愛錢如命」的小氣鬼。

長短

鼻子長的人，富有貴氣、論理能力強，容易具有社會地位，但較欠缺實行力。如果太長，容易有個性猶豫、優柔寡斷、考慮太多及決斷力不足的問題。

鼻子短的人，直覺力優異，劍及履及的實行者。如果太短，則有性子太急，做事欠缺考慮的傾向。

表1-21

各種鼻形的相學意涵

種類	形狀	代表與影響
鷹勾鼻	即鼻頭下勾，形狀與鷹勾相似，又稱「商人鼻」、「理財鼻」。	有這種鼻子的人頭腦相當聰明、反應靈活且精於鑽研、善於理財規劃，可說是天生的賺錢高手。但要特別小心知節制，或是多加經歷練，避免成為見錢眼開、唯利是圖的人，一生才能不愁吃穿。身體常有暗疾，尤其好發斑疹，需特別注重飲食衛生。
巫婆鼻	鼻子像小說中的巫婆一樣尖。	古人講「鼻子尖尖，求財唯奸」，也就是說擁有這種鼻子的人，其人必定凶險、心不純正，很喜歡說人長短、猜忌挑撥，為了私利不擇手段、不念情分；但實際上有這種鼻形的人，並不多見。
朝天鼻	鼻孔向上。	這種人一般個性溫和、學習力強，對於人事物喜歡打破砂鍋問到底。如果能夠改掉虎頭蛇尾的個性，應該會有不錯的發展。要特別注意的是：古代相書認為朝天鼻有「漏財相」，代表理財觀念及賺錢手法較弱，經常花錢如流水，如不改變習慣或提升自我，財富恐無法積存，財富可能越存越少。
曲節鼻	鼻樑有骨節或彎曲。	有曲節鼻的人，要小心有個性古怪、脾氣不定的問題，如果能改變時有偏差的觀念，並且極力改善人緣，各方面運勢才會走向順遂。
豬膽鼻	鼻準圓厚、鼻翼對稱，沒有高低、大小之分，也沒有鼻孔仰露的情況。	豬膽鼻代表當事人理財有道、用錢有方，可以說是有「財豐祿厚」之運；古相書認為男人有豬膽鼻，則將事業有成、愛妻疼子；假設美眉天生有豬膽鼻，則能夠「旺夫益子幫家運」。
蒜頭鼻	鼻翼鼻尖連在一起，像一顆蒜頭一樣。	擁有蒜頭鼻的人，是屬於克勤克儉而發財致富的命格。但是要注意鼻毛或鼻孔都不能外露，否則將無法聚集財富，很有可能是錢財左手進、右手出。

資料來源：彙整自《面相一本通》p.16-17、《面相學幫你改運招桃花》p.62、63、67-69、72-73、79-80、90、126-127、《雨揚開運手面相》p.112-134、《如何一眼看穿人》p.40-133、《看相養病》p.41、《人體臉書》p.32-115、《五彩五官開運彩妝》p.61

4 嘴巴

在五官面相中，嘴巴主要代表了一個人的愛情與生命力。因此，嘴巴的大小及彈性，都暗示了當事人的健康度、行動力與生命力。古代相書認為，從嘴巴的結實程度與嘴唇的厚薄，可以看出此人意志的強弱，以及愛情的深度。

另外，根據古代知名相書《麻衣相法》的說法：「口為言語之門、飲食之具、萬物造化之關，又為心之外戶、賞罰之所出、是非之所會也。」簡單來說，嘴巴就像一個人運勢的「守門員」角色，一旦守得緊，就能夠掙得功名利祿；相反的，就有可能招來是非恩怨。

依照命相學的角度來看，嘴巴除了用來進食，以維繫正常的生理功能外，更是表達精神思想與內心情感的直接管道。用在好處，可以「口出金言」，招得好運；但如果逞一時之快口出穢言，反倒可能是「禍從口出」，招致負面能量，損壞好運。

001 嘴巴外觀的相學意涵

一般嘴巴的大小，是以兩眼珠內側垂直線的寬度為準，而且最好符合「張開時大、閉起時小」的理想標準。

古代相書上說:「口大能容拳者,多非池中之物。」這是因為嘴巴大的人,個性熱情進取、積極活潑、待人豪爽大方、意志力強,不但膽識過人,且有良好的口才,當然比較容易成功、發達。另外,俗話說:「嘴大吃四方。」這是因為嘴大的人,腸胃及消化系統都不錯,當然就有「口福」可以享用眾多美食。

至於嘴巴小的人,個性上就比較內向及保守,在沒有很好的口才,以及「怯於爭取及表現」之下,恐怕必須比大嘴巴的人更加努力,才能獲致成功。

厚薄

唇太厚的人感情較為豐富,且待人親切、渴望愛情,但缺點是會有較多的物質欲望;太薄的人則較為理性,讓人覺得對人較為冷淡。此外,薄唇的人口才佳、善於精打細算,有時會給人不顧人情的感覺。

面相學上認為「上唇主情,下唇主慾」,食慾表現在上唇,性慾表現在下唇。(但也有相書認為上唇表示積極性與父性,下唇表示消極性與母性」)。因此,如果上唇較下唇厚,在感行方面是屬於「付出型」,總會主動照顧他人且不求回報;至於下唇比較厚的人,在感情方面則屬於「接受型」,喜歡接受他人的照顧,而比較不善於照顧或侍候他人。

結實與否

結實的人,聰明、意志力堅強。鬆弛的人,可能會有意志力較薄弱,且對任何事都提不起勁來的情形。

唇形

唇形不正,也就是上、下唇厚薄不一或左右不對稱的人,個性上較喜歡跟他人做比較,心態上較易不平衡,會給人「常愛抱怨」的印象。

另外,由於嘴巴象徵家庭,因此嘴唇外圍稜線明顯的人,多半生於富裕或是小康之家;至於稜線不明顯的人,個性上因為比較喜歡投機而非投資,小心不容易聚財。

嘴角

嘴角上揚的人個性開朗、平易近人且人緣佳；而嘴角下垂的人，由於個性可能比較不積極且固執、喜歡挑剔，小心人際關係因此較差。再加上嘴巴代表一個人的晚運，所以嘴角下垂的人，平日要多注重身體的保養、多與人結緣，以免晚年健康較差且易孤獨。

唇紋

雙唇擁有整齊的直紋（也就是「愛情紋」或「歡待紋」）的人，非常熱情、重感情、富有同情心及見義勇為。

如果是完全看不到唇紋的人，個性比較容易自滿、常愛挑剔且不懂得謙虛，容易影響人際關係的發展。

顏色

如果天生唇色帶紫色，代表這個人個性比較好強，凡事不肯認輸，所以成功絕對可期。只不過，如果太過強勢，沒有打好人際關係，小心運勢也會起伏變大。

資料來源：彙整自《面相一本通》p.16-17、《面相學幫你改運招桃花》p.62、63、67-69、72-73、79-80、90、126-127、《雨揚開運手面相》p.112-134、《如何一眼看穿人》p.40-133、《看相養病》p.41、《人體臉書》p.32-115、《五彩五官開運彩妝》p.61、《中華相術》p.113-114

表1-22
各種嘴形的相學意涵

種類	形狀	代表與影響
仰月口	即嘴唇上翹、嘴角揚起。	這種人個性溫和好相處，且因為說話幽默詼諧而獲得不錯的人緣，容易獲得上司提攜或部屬愛戴，在職場出人頭地。
覆月口	嘴角下垂的形狀，又稱「覆鐘口」。	嘴角下垂的人，通常個性比他人倔強且不服輸。要小心做事過於一板一眼、不知變通，而不得人緣。
吹火口	即「口如吹火」，嘴巴如吹氣呈噘起狀。	古相書說：「口如吹火，晚年孤燈獨坐。」這是因為擁有這種嘴形的人之情緒反應直接所致。所以，這種人要學習控制自己的情緒，避免因一時衝動而闖禍，容易因此被人利用，甚至影響了親子關係。
露齒口	嘴唇無法緊閉，牙齒外露。	古相書認為擁有露齒口的人，個性有些糊塗、少根筋，容易給人留下精神懶散、缺少耐心毅力、做事效率差，且口風不緊的不佳印象。在愛情上，切忌有寧濫勿缺的傾向，以免讓自己陷入不佳的感情糾紛中。

資料來源：彙整自《面相一本通》p.16-17、《面相學幫你改運招桃花》p.62、63、67-69、72-73、79-80、90、126-127、《雨揚開運手面相》p.112-134、《如何一眼看穿人》p.40-133、《看相養病》p.41、《人體臉書》p.32-115、《五彩五官開運彩妝》p.61、《中華相術》p.113-114

此外，在面相學中，也會用口中的牙齒，來判斷一個人的性情、信用、晚年運勢（主要影響 60 歲左右）及生活。而牙齒的健全與否，直接影響一個人的生命力，體現著人的天賦智慧、性格氣質和道德情操。

一般來說，牙齒整齊的人，不但有智慧、擁有良好的家世背景，身體也較健康；另外，也代表此人有責任感、做事認真、人品好。面相師普遍認為，牙齒排列不整齊的人，個性上會比較彆扭些，有性情急躁、言語上衝動的問題。當牙齒經過矯正治療而改變臉型，確實在性情、晚運等方面，會有比較好的改變出現，也可以說是一種後天改運的方式。

至於牙齒的大小，一般牙齒大的人，性格較為大膽，凡事敢衝、敢拚，當然就容易成功；至於牙齒小的人，小心因為性格較為內向、保守，而喪失了許多大好的機會。

5　耳朵

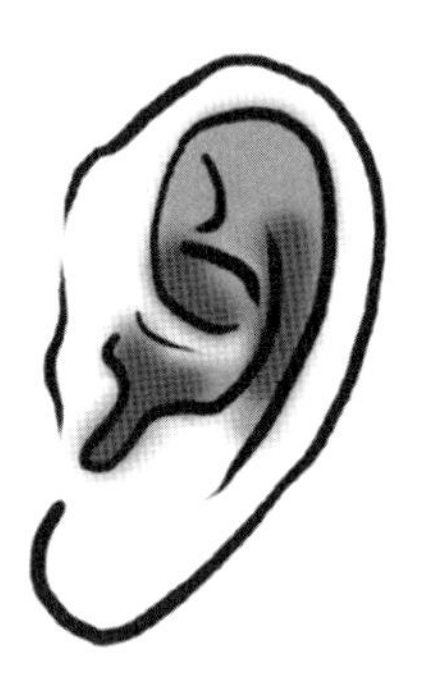

最後再來看常被藏在女性頭髮裡的耳朵。由於耳朵是胎兒在母體內時期，最晚發育完成的五官。所以，如果耳朵有缺陷，通常是母親在懷孕後期的身體狀況不佳，也代表孩子出生後，身體狀況比較不好。

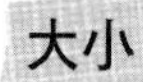

001 耳朵外觀的相學意涵

大小

❶ **耳朵大的人：**精力充沛，個性活潑且好動、聰明、做事謹慎且面面俱到，凡事做好萬全準備前，絕不會輕易出手。

❷ **耳朵小的人：**少年時期體質弱，個性也比較文靜，所以容易有膽子小、沒信心或欠缺耐心的問題，要小心因性子急而壞事及影響人際關係。

高低

古代相書認為，「耳高於眉」是成名的相格，因為耳朵的高低，代表一個人的學習能力。如果耳形又像茶壺的提把，則稱為「提耳」，容易受到長輩們的提攜，得以在年輕時就名利雙收。至於耳低於眼的人，雖然學習能力較差、反應較慢、做事常常事倍功半，但只要保持積極的心態，並且努力不懈，終究還是能夠有「大氣晚成」的成果。

耳朵的高低雖然重要，也要搭配好的形狀。古代相書認為，如果耳朵高，但形狀不好，就代表此人胸懷大志，但執行力較弱。因此，建議耳形不好的人，應該要更加腳踏實地做事，才能得到好成績。

除了形狀的配合外，還要特別注意兩耳的一致性，如果是左右大小或高低不一，恐怕運勢較容易有高低起伏。

輪廓

耳朵有兩道半圓形的凸起，外部的一圈稱為「輪」，在內的則稱為「廓」。輪廓缺陷一般表示童年時期較不好養，或家庭狀況較差。

耳輪的形狀，也代表了當事人的不同個性。如果是耳輪呈圓形的人，通常有個性海派、講義氣、重人脈經營的特性，儘管對人事物都抱持著善惡分明的態度，但待人處事上保有相當的圓融與柔軟，不只人脈經營良好，貴人也不少。需特別注意的是：這樣的人對朋友的相求，常常是「來者不拒」，反而有被拖累或陷害而不自知的窘況。

耳輪呈尖形的人，通常個性上比較特異獨行，是那種叛逆心或反抗心特別強的人。只要離開家鄉到異地求學、求職，經由風浪的磨練而成長，也有成功發達的機會。

至於耳輪呈方形的人，是屬於敦厚老實、木訥耿直的個性，雖然在別人眼中看起來，似乎進步得非常緩慢，但在一點一滴的累積之下，會比較踏實，且老年生活可確保無虞。只不過，要注意別因為太過固執或不知變通，而影響了良好的人際關係。

耳垂

耳垂厚實的人，較有福分、感情豐富、異性緣佳，且精力充沛，具有忍耐力與持久力，自古以來便是長壽相格的條件之一。如果耳垂厚大且向前傾，就是所謂的「垂珠朝海」，代表此人一生豐衣足食。至於耳垂薄小的人，可能因為在體力與精力上較為不足，不擅於需要良好體力的工作，適合從事只要動腦的智慧型職業。

軟硬

❶ **耳朵硬的人：**身體健康情況較佳，但個性較為固執，不太容易聽別人的勸解。

❷ **耳朵軟的人：**不但體質較為虛弱，也容易有「耳根子軟」、太相信他人的問題。

耳朵有痣

耳輪上長痣的人比較聰明；垂珠上長痣的人較為孝順、財運佳；廓內有痣為長壽的象徵；耳背有痣者一般主觀意識強，雖然有時會忠言逆耳，但好處是能「藏財」。

資料來源：彙整自《面相一本通》p.16-17、《面相學幫你改運招桃花》p.62、63、67-69、72-73、79-80、90、126-127、《雨揚開運手面相》p.112-134、《如何一眼看穿人》p.40-133、《看相養病》p.41、《人體臉書》p.32-115、《五彩五官開運彩妝》p.61

表1-23

耳形的相學意涵

種類	形狀	代表與影響
貼腦耳	耳朵緊貼，正面看過去，很難看到耳朵的全貌。	這種人個性溫文有禮、記憶力佳、才能優異、吃苦耐勞，做事深思熟慮且領導力佳，因此容易成功。此外，身體比較健康，具有長壽的基因。
招風耳	耳朵向兩邊張開	有這種耳形的人，對外在消息反應靈敏，且喜歡追根究底，更擅於觀察社會的變化，同時也擅於透過這些觀察，來改變處事或企業經營上的策略，因此也容易在工作或事業上成功，極適合從事大眾傳播或是新聞性質的工作。
反骨耳	耳朵內廓的軟骨明顯，突出於外輪，也就是一般所謂的「輪飛廓反」。	古代相書上認為有「反骨耳」的人，個性相當獨立且剛強，不但很有主見且有非常強的好勝心，如果不能接受他人的建議，並處理好人際關係，連帶事業發展及婚姻經營上，可能都較為辛苦。

資料來源：彙整自《面相一本通》p.16-17、《面相學幫你改運招桃花》p.62、63、67-69、72-73、79-80、90、126-127、《雨揚開運手面相》p.112-134、《如何一眼看穿人》p.40-133、《看相養病》p.41、《人體臉書》p.32-115、《五彩五官開運彩妝》p.61

臉部十二宮位及其他

中國古代的面相學，除了看最基本的「三停」、「（五行）臉型」與「五官」長相好壞外，還有「十二宮位」，也就是把一個人的臉，劃分為十二個區塊，並且根據這十二個區塊所代表的意義，進行個性或運勢上的的判斷。

這「十二宮」有部分與前面提到的「五官」位置重疊，而在「十二宮」之外，顴骨、法令紋及人中部位，在面相學上也具有相當重要的地位，主要是用來評斷一個人的事業、權力、社經地位與壽命。

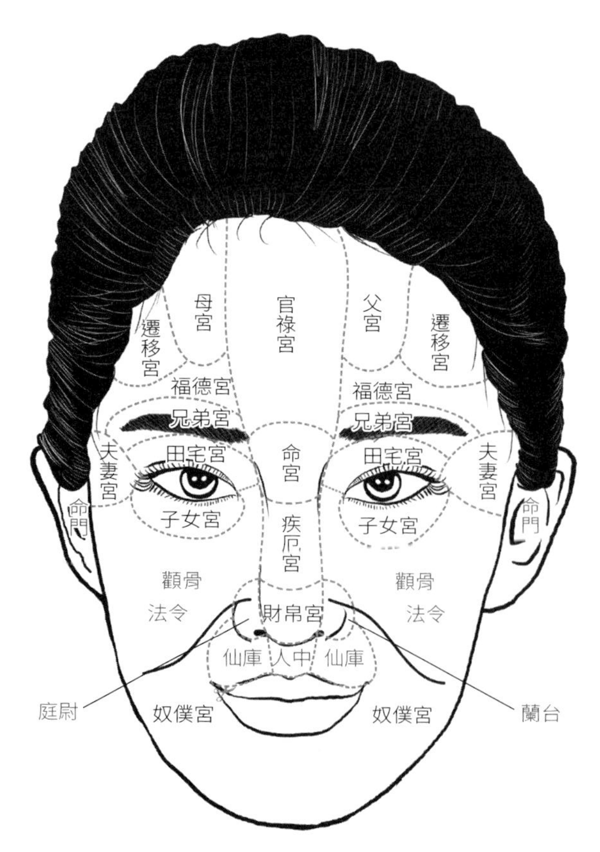

◀ 面相十二宮圖

表1-24
面相十二宮的歲運與主掌

命宮 28歲 兩眉之間，也就是俗稱的「印堂」（額頭與山根之間）。

主掌 一生精神（生命力）、個人性情與肚量、本命一生的吉凶禍福與榮枯，反應出一個人的個性、健康、官祿、財運等。

額頭中央，上接天庭，下接印堂。

主掌 主要代表才智（象徵記憶力、理解力及思考力）、事業與功名。以學生為例，就代表課業及老師；以上班族為例，就代表工作職位與老闆；以女性為例，就代表丈夫運勢；以老闆為例，就是指事業發展與前輩提拔。此外，從官祿宮也能看出一個人的家庭背景。

位在命宮之下、兩眼之間、鼻子最低的部位，又稱為「山根」。

主掌 身體健康、疾病。判斷一個人身體健康，以及是否具有良好的疾病抵抗能力、災難的應變及危機處理能力。另外，也可觀察當事人能否承續祖先父執輩的事業基礎，以及夫妻相處關係。

財帛宮

整個鼻子（包括鼻樑、鼻準頭與鼻翼）。

主掌 財運（包括進財運勢及理財能力、花錢態度）及事業。此外，個人自尊、努力度與觀念均與此宮有關。且女性的財帛宮也指「夫星」。一般鼻子包括三大部分，其中的鼻樑看「賺錢、進財的能力與運勢」、鼻翼是「儲存財富的能力」，至於鼻孔則是看「花錢的態度與習慣」。

表1-24
面相十二宮的歲運與主掌

在額頭官祿宮的兩側。

主掌 父母及晚年運勢、與父母互動的狀況，以及考試運、宗教緣分、行運上的運道。

天倉之上（眉尾上靠髮際地帶，也就是父母宮外側）。

主掌 主居家搬遷、職業變動，以及謀事遠慮之運，代表變動、外出、社交（人際關係）、旅行、遷徙等對外的動態。遷移宮好的人，適合從事國際貿易，經常出國或出差，都能順利愉快。

眉毛（兄弟宮）正上方（眉頭上方為「內福堂」，眉尾上方為「外福堂」）。

主掌 主一生福祿財氣（主要是「流動資金」），與祖輩父母的餘蔭、庇佑，也是個人行善積德的表徵。

左右雙眉。

主掌 代表一個人的社交能力、與兄弟姊妹間的情分深淺，甚至可以看出一個人健康，以及感情、理智間是否平衡。因此，眉毛不但代表與兄弟姊妹之間的緣分深淺，也可看出和朋友、同學、同事的互動良窳，進一步察覺個人感情思想、人格態度以及理性感性的平衡度。

表1-24
面相十二宮的歲運與主掌

眼皮，也就是眉毛與眼睛中間的部位。

主掌 掌田園、產業、家庭之運，簡單來說，就是居家的房地產及家庭生活狀況，能否繼承祖業等。可由此觀察家族關係、不動產運勢，更可推論家宅所發生的瑣事及災禍。當然，如果要判斷一個人房地產方面的運勢，還要看下巴，兩者都有好相的人，很適合從事房地產買賣。此外，這部分還代表一個人的「家庭運勢」。尤其是31~40歲，生活重心在家庭的女性。

夫妻宮

魚尾（眼尾）和奸門（眼尾靠髮際之間），範圍在一塊錢硬幣內的影響力最大。

主掌 主掌夫妻感情、家庭生活、婚姻狀態、男女情緣及性生活協調度。如果這部分的相理不佳，則代表與異性互動較差，一生中男女情緣較易有遺憾與波折。

子女宮　子孫宮　男女宮　陰德宮

兩眼之下，又稱為「淚堂」（眼袋），包括「臥蠶」。

主掌 看子女運及異性關係，也是觀看個人體力與性事狀況（生殖能力）、道德觀，甚至是子女健康及與後代的緣分深薄之處。一般判斷生兒育女的情形，要同時看子女宮與人中。前者是看當事人荷爾蒙的分泌，後者是看生殖器官是否正常。

表1-24
面相十二宮的歲運與主掌

地閣（下顎、嘴角之下）。下巴的左右臉頰、兩腮的內側（嘴唇兩側）；也有指「下巴」部位。

指居住、不動產運勢，可以判斷一個人的意志力、決斷力、持續力、包容力、指導力、誠實度（主知人善用、德能服眾）、部屬運（與朋友、部屬、晚輩間的關係）、晚年運（特別是60歲以後）等的運勢。

資料來源：《面相一本通》p.20-28、《人可貌相》p.191-343、《面相學幫你改運招桃花》p.75-76、90、《雨揚開運手面相》p.103-107

顴骨、法令紋及人中的相學意涵

001 顴骨

相書上有所謂「問權在顴」的說法，所以顴骨主要是看權力慾、物質慾的強弱，在社會上的表現或受人歡迎的程度、包容力等。同時，還可以窺見一個人的擔當和魄力，並感受其奮鬥力和企圖心。一般來說，擁有好的顴相，無論社經地位或職場發展，都比較能掌握住實權。

相書上也說：「無顴則無輔，無輔則不能發。」所以顴骨掌控一個人一生的權勢。

沒有顴骨或顴骨不明顯者，恐怕只有優秀的執行力，卻少了能夠承擔大任的機會。

看相重點

❶ **前突或橫張：**向前突出者，因為個性好強、有進取心及超強意志力，容易在社會上活躍；至於「橫向張開」的人則有耐力，對事物能堅持到最後關頭，但要小心因為防衛之心特別重且敢於批評人，而招惹到口舌是非，一定要謹記「以和為貴」的道理。

❷ **豐滿與否：**顴骨的肌肉豐滿，則感情豐富、有人望；肌肉薄且突出的人，有重視精神上事物的傾向，且在感情上也容易出現明顯的好惡態度、賺錢的機會也比較少一些。

❸ **顴骨高圓且有好的鼻相搭配：**古代相書認為，好的顴相不只要高，更要有豐滿頰肉包覆顴骨，搭配良好鼻相，才能稱為「鼻顴相拱」，代表自身才華更能有所發揮。

❹ **顴骨低陷：**恐怕會因為個性膽怯，較缺乏勇氣和鬥志，與畫地自限的心態，讓自己喪失闖出一番大事業的機會。

002 法令紋

看出社會能力，也是判斷壽命、社會領導力與職業運之處。這裡代表一個人的威信、名譽、晚年運勢及壽元，其長短、深淺與外形，都會影響一個人賺錢的「業務」運。如果很年輕就出現法令紋，代表此人很早就出社會工作或很早出運。假設過了 40 歲而沒有形成法令紋的人，不是對自己的前途與想法無法固定，就是不想求安定的人。

看相重點

❶ **寬窄：**法令紋的寬窄，與一個人的肚量大小、細心程度，以及待人的熱絡狀況等有關。法令紋寬的人，細心、善於察顏觀色、獨立心強、度量大、部屬運佳，且容易健康、長壽，也是晚年經濟富裕而幸福的人；至於法令紋過窄的人，則要小心過於封閉、內向、不與人往來或缺少生活力，或是因為粗心糊塗而犯錯，最後導致經濟狀況及財力不佳。

❷ **深淺：**粗且深、清楚刻劃的人，具有包容力及領導力、有權威，對社會的影響力也強，更有不錯的名譽、地位、經濟基礎與長壽傾向。如果法令紋太深長，一方面要小心代表婚姻緣薄，有獨身主義傾向，另一方面也暗示著一生勞碌，做起事來要更加努力，才能有所回報。

❸ **左右不均：**標準的法令紋應該要對稱，但如果左右不平均，容易被部屬所牽累，或是有個性表裡不一、喜怒不定的傾向。

❹ **連續或中斷：**標準法令紋一定要連續；假設法令紋不連續，則因為欠缺親屬緣、與家人的關係較為冷淡，所以比較適合向外發展、離家打拚。雖然中間的過程辛苦，但只要全力以赴，還是有白手起家的可能性。

003 人中

看道德觀，以及一個人的壽命、健康、生殖器與生命力的強弱。好的人中是「近鼻處窄、近上唇處寬」。

看相重點

人中寬、長、深的人，器量大、人品圓滿、道德觀強、意志力及忍耐力優異、生命力旺盛，生殖能力也強，子女眾多。但如果過寬，則要小心可能缺少持續力。

人中窄、短、淺的人，容易有器量不大、性格較偏與意志較弱的傾向。此外，生殖力也會受到影響，容易子女少或無子女。就算有子女，也會因身體虛弱而為子女辛苦及煩惱。

資料來源：彙整自《如何一眼看穿人》p.40-133、《雨揚開運手面相》p.83-90、126-134、《形相好女人（二）－微整你的好運道》p.36、《中華相術》p.108-109、《面相學幫你改運招桃花》p.53-54

臉部的痣、疤、紋路與運勢的關係

根據古代相書及中醫的觀點來看，臉上所出現的痣、斑、痘痘與疤痕，都會對一個人的運勢造成影響。首先，以人體皮膚上常會長的「痣」來說，凡是顏色、光澤、形狀良好，且隆起、突出在皮膚之上，或者是痣上有長毛，能夠加強那一部分的運勢，便是所謂的「吉（好）痣」；而如果是顏色、光澤都不理想，再加上形狀又不完整，或是沒有隆起於皮膚之上，就是相書裡所謂的「凶痣」。

但實際上，不管是痣、疤或紋路，都不能以單一所在宮位來決定，需要綜合好幾個宮位一起參考，也就是根據痣、疤位置附近的宮位，再推斷整體相關運勢。

至於刻劃在臉上的紋路，則是歲月歷練的痕跡，代表了經驗與智慧，與我們的活動力、心念和意志力息息相關。所以，只要心存正念或善念，那麼臉上長出來的紋路不但漂亮，也能夠對運勢具有加分效果；相反地，如果心術不正，不僅臉上紋路雜亂無章，即使紋路長在好的部位，也可能會對人生帶來不好的影響。面紋記錄了人生軌跡，舉凡一個人的個性及運勢，都可從臉上的紋路中窺得蛛絲馬跡。

此外，臉部不同位置上的氣色，則可以決定當事人某一段短暫時期的休咎吉凶。例如，當臉上色彩由暗轉亮時，代表此人的晦暗滯礙之氣將會過去，緊接著就是好運與福氣的降臨；但假設膚色由明亮變得黯淡無光，恐怕就代表這段時期的好運氣已經過了，當事人除了要多注意自己的身體健康外，做任何事都最好保守因應。

善痣與惡痣的區別

善痣：大（相當明顯，且大於一粒米）、色佳（純黑色、紅色、白色、黃色）、光澤、凸出（凸出皮膚表面）、長毛、看不到（如藏在耳朵後、頭髮及眉毛裡）、規則、美、漂亮。

惡痣：小（比一粒米還小）、色差（咖啡色、老鼠色、褐色）、無光澤、平面、在臉面上一望可見、雜亂、不規則、有礙觀瞻。

資料來源：彙整自《人可貌相》p.167

表1-25

臉部紋路對運勢的影響

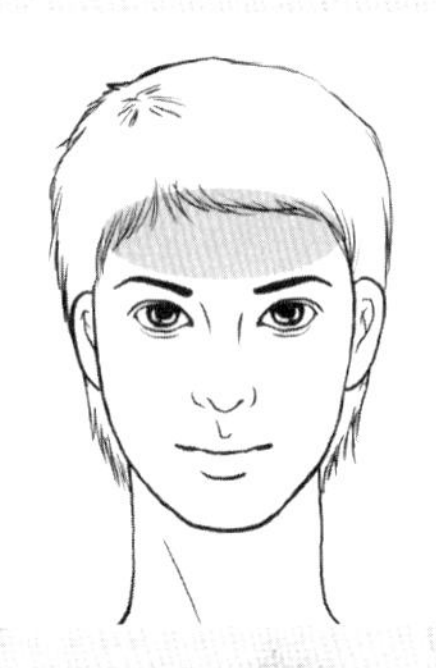

額頭

一條明顯橫紋

稟性溫厚，雖然耐力十足、能力極強、事業成功機會大，但可能過於主觀及執著、不擅人際交流，且行事上有不知變通之處，遇到困難容易故步自封。常常寧可獨自勞心勞力，也不願對外求援，造成工作或事業運上的規模不夠大。

兩道明顯橫紋

個性內斂保守、行事持之以恆，一旦鎖定目標，便是竭盡所能、全力以赴，能夠建立起不錯的事業基礎；但要注意別常為公事而與人爭吵，最好多學習溝通的藝術與竅門，以便獲得他人尊敬、社會地位，以及更佳的事業。

三道明顯橫紋

有三道明顯橫紋（且尾端向上彎才是「好紋」）的人，不但記憶力佳、邏輯性強，且聰慧敏捷、常有好點子。無論是學習新技能或研發新學問，既能學得又快又好，又能活用於生活或事業，不論是學業、工作或事業上，都能獲得相當程度的成功。

王字紋（三橫紋中加一豎紋）

王字紋正如其名，代表此人具有「王者之相」，不但思想高瞻遠矚、行事深謀遠慮，再加上統御領導力強、判斷犀利精準，在事業上往往能創造出極大的成就。

表1-25

臉部紋路對運勢的影響

雜而紊亂的紋

從面相學的角度來看，臉上的紋路最忌雜亂無章。如果橫紋呈現不規則排列，或斷續而不連時，就算當事人非常吃苦耐勞，但可能在思緒及個性上有些特立獨行，比較無法得到貴人的相助。所以想要成功，最好能多控制一下自己的脾氣、培養好人緣才是。

印堂（眉間）

懸針紋（一條直線）

有此紋路的人，其優點是意志力和拚勁都很強，只要立定志向，必定會想盡方法達到目的。因此，事業上很容易獲得成功。不過，缺點則是個性上有固執或愛恨分明的傾向，恐怕成功的事業會因為貴人運差、不夠冷靜而中途遭致失敗或起伏。但如果出現了「懸針生腳」（懸針紋出現了新的橫紋或轉腳），一般相書認為是個人行善積福的結果，是好運之兆。

兩直紋

代表當事人的性格直爽、聰明能幹。不但非常有想法，也勇於行動與負責，且富有正義感及樂於助人。正因為常有「為朋友兩肋插刀」的性格，一生中都能因為處處遇到貴人而充滿好運。

八字紋

這種人心思縝密、行事考慮周延，在談論道理時，往往能夠頭頭是道。但要注意避免脾氣過強、與人爭論不休，應多多加強人際溝通與協調，運勢才會轉危為安。

川字紋

有川字紋的人，其性格與胸懷就像大川一樣廣闊，且氣度高雅、才華洋溢、處事穩健，具有極強的領導能力，很容易成為群眾中的意見領袖。

表1-25
臉部紋路對運勢的影響

眼尾

魚尾紋

由於眼尾是「夫妻宮」的位置，一旦出現向上的魚尾紋，不但兼具感性與理性，更富有企圖心及上進心，深具創造性與冒險犯難的精神。不但事業成功，也因為外向健談、幽默率真、感情豐富，具有極佳的異性緣。

如果魚尾紋如果是向下或雜亂又長（特別是三條以上），就要小心控制個人的感情，以免遇到爛桃花而遭遇桃色糾紛，甚至，影響了原本正常的婚姻狀況。

資料來源：彙整自《雨陽開運手面相》p.83-90

表1-26
十二命宮的痣、紋、疤與氣色的相學意涵

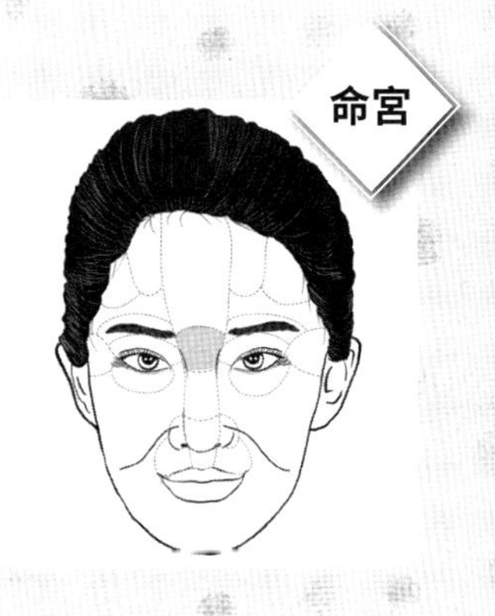

有痣 這種人多半是靠自己的能力「白手起家」，且由於個性過強，小心工作或事業上，都容易出現成功與失敗的極端情形，同時影響了婚姻的美滿度。

有紋 只要是紋理不亂、不斜、不彎曲的「善紋」，代表此人一生事業順利，而且有長壽的基因存在。

有疤 由於先天上比較欠缺長官的提拔，因此適合靠自己的努力創業，而不是待在公司裡等升遷。

顏色 最適合的顏色是明黃、紅潤、紫亮（可用開運化妝術加強）。如果出現燥紅，要小心有口舌之災或訴訟等糾紛；出現青色，則要小心有突發的意外事件；出現白色，則要注意父母親的身體狀況，或是避免六親所帶來的麻煩；如果顏色黑暗，更要預防嚴重災難、疾病、意外危險或牢獄之災。

表1-26

十二命宮的痣、紋、疤與氣色的相學意涵

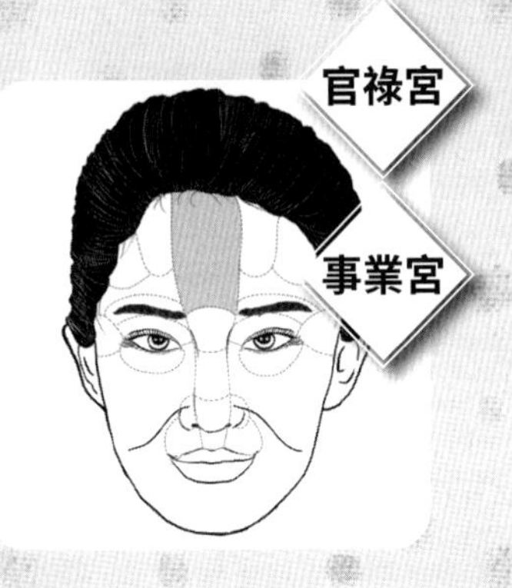

有痣 有惡痣時，可能會與父母、師長等關係緊張，且要小心因為與上級衝突或頂撞上司，導致事業不順、頻頻換工作。
官祿宮長痣的人，並不適合從事公職或軍旅，只適合在教育、藝術界發展，或是自行創業。
假設是善痣，則代表此人少年得志，事業也容易成功；但女性則要特別小心太能幹時，有可能造成夫妻關係不佳。

有紋 如果年紀輕輕，就在此處出現紋路，就表示此人有「早熟」的傾向。紋路一定是以橫紋、清晰明顯且沒有斷裂的，才算是「好紋」，代表其人智力良好、記憶力強。如果是亂紋或豎紋，則是屬於「惡紋」，代表思考混亂，且會遇到比較多的挫折。

有疤 與惡痣一樣，官祿宮如果有疤，比較容易與長官起衝突、事業運不順，因此適合自行創業。

顏色 此處的氣色以明黃為「吉色」，如果透明近紫色則更佳，代表目前事業順暢，以及有「升官發財」之兆。此處最忌諱氣色黑暗，恐怕事業上會有停滯或煩憂。假設這個位置的氣色燥紅，則要小心在工作上有口舌之災或是非之爭。

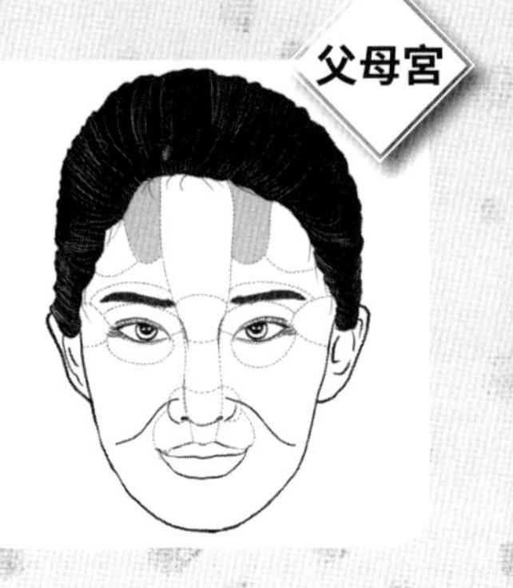

有痣 如果父母宮長痣的話，一般會與父母關係不佳；假設又是「惡痣」的話，恐怕更會成為「仇人」。

有疤 如果有小瘡疤，則可能代表父母有健康方面的問題，或憂慮之事發生，甚至要小心口舌是非之爭。如果痘痘出現在學生的額頭（父母宮）位置，則代表這段時期的課業表現不佳。

顏色 當這個位置的氣色黯淡時，代表父母健康欠佳，例如有慢性疾病。如果黑暗或枯白，父母的健康問題將更加危重。

表1-26

十二命宮的痣、紋、疤與氣色的相學意涵

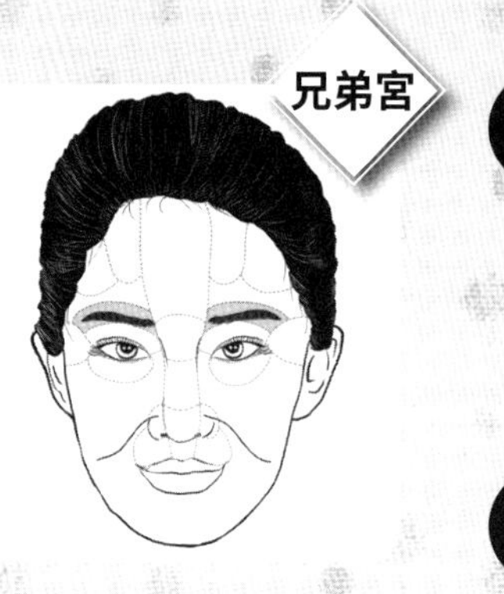

有痣 有惡痣時，代表與兄弟姊妹感情不佳或關係疏離，或是自己的一生中，有可能在感情上出現大挫敗、失戀傷心。

如果眉內有善痣（例如黑痣），則是「有特殊才能」的代表。假設是女性，更是聰明賢淑或才學出眾。如果黑痣出現在眉尾，代表此人聰明過人。

有紋 指與兄弟姊妹感情不佳或疏離，或是一生中在感情上有大挫敗、失戀傷心。

有疤 指與兄弟姊妹感情不佳或疏離，或是一生中在感情上有大挫敗、失戀傷心。

顏色 顏色潤白色，代表有貴人提拔，兄弟姊妹、朋友和家庭關係都很美滿。如果顏色發青，要小心與兄弟姊妹間出現口舌紛爭。通常出現紅色之氣，代表兄弟姊妹有升官發財或喜慶之事。一旦出現黑色，則要小心兄弟姊妹的身體健康。

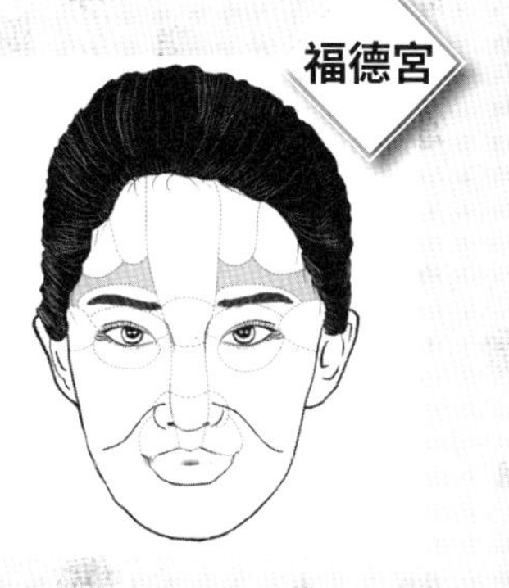

有痣 在眉頭上方的內福堂有善痣，代表善社交；而在眉尾上方的外福堂有善痣，則代表財運佳。其中，外福堂的影響大於內福堂。

如果是惡痣，代表容易受親戚朋友所牽累而損失財務，或無法清靜度日、一生為親朋好友勞碌或散財。想要存錢，一定要努力克制衝動消費才是。

有紋 代表容易受親戚朋友所牽累而損失財務，或無法清靜度日，為親友勞碌、奔波。

有疤 代表容易受親戚朋友所牽累而損失財務，或無法清靜度日，為親友勞碌、奔波。

表1-26
十二命宮的痣、紋、疤與氣色的相學意涵

顏色 如果出現黃潤氣色，表示現階段手頭現金寬裕，不必為錢所煩惱。假設氣色暗滯，則表示欠缺資金，恐怕會周轉不靈、為錢煩惱。一旦內福堂出現類似瘀血的青色，要小心陷入資金周轉不靈、為錢煩心的事。出現黑色，則要注意可能發生災禍。出現白色，則要留意因疾病或災難發生，促使無法安寧享受生活。出現赤紅色，則可能有口舌之災。

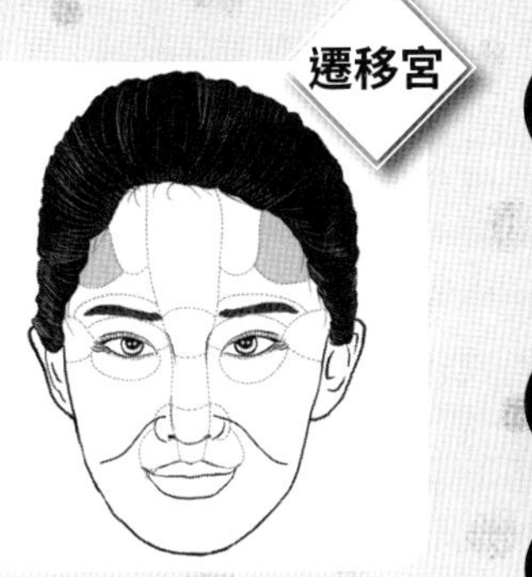

有痣 有痣的人，最好遠離家鄉，遷移到外地發展；特別是有善痣者，會有「遠方得利」的機會。但如果是惡痣，則有可能「遠方不得利」，且要特別注意遠行出意外或驚險。

有紋 最好遠離家鄉，遷移到外地發展。

有疤 最好遠離家鄉，遷移到外地發展，並且要小心避免遠行出意外或驚險。

顏色 如果氣色黯淡，代表遠行較為不利，或旅途中常遇到困難，受一肚子的窩囊氣。一旦此處顏色粉紅透明，則代表會有來自遠地或國外的好消息。假設出現青色，要注意遠地生意失敗、破財或惡訊的來臨。整體來說，凡是這裡出現壞氣色的人，不論調差、出遠門等，都會有所損失，或是遠行出意外或驚險，最好不要輕舉妄動，「以靜制動」方為上策。

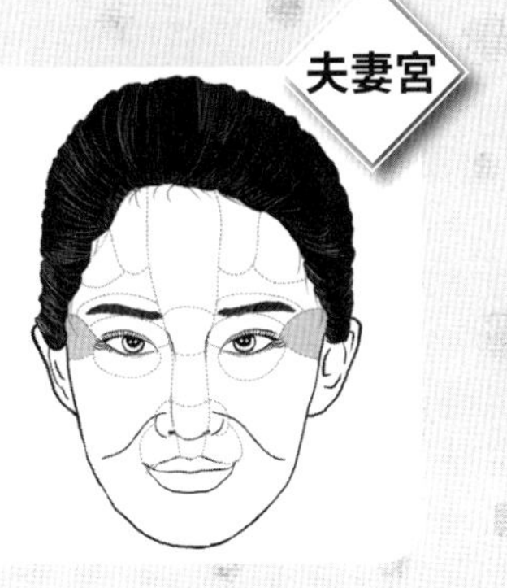

有痣 如果有惡痣，代表不易有美滿婚姻，或是一生中，很容易發生桃花糾紛；特別是女性要避免太早結婚，最好晚婚。假設有善痣，則容易受到異性的協助而走運。

有紋 有斑紋，特別是多且雜的魚尾紋、十字紋，代表較難有美滿婚姻。另外，假設年輕（35 歲前）就有魚尾紋，表示身體因為過於勞累而健康不佳，應多注意健康並求醫治療。

表1-26

十二命宮的痣、紋、疤與氣色的相學意涵

有疤 代表難有美滿婚姻。

顏色 夫妻宮有不良氣色，如果再加上眉毛斷裂、眉頭濃、眉尾稀，或沒有眉毛，表示男女間的感情容易發生問題，例如失戀、誤會、第三者出現、個性不合等男女事端。一旦出現青筋或青色，則代表配偶有病痛，為配偶憂愁、煩惱或雙方性生活不協調。出現紅赤色時，要小心與另一半發生口舌或彼此意見不合。出現白色時，要預防配偶或男女朋友的生離死別。

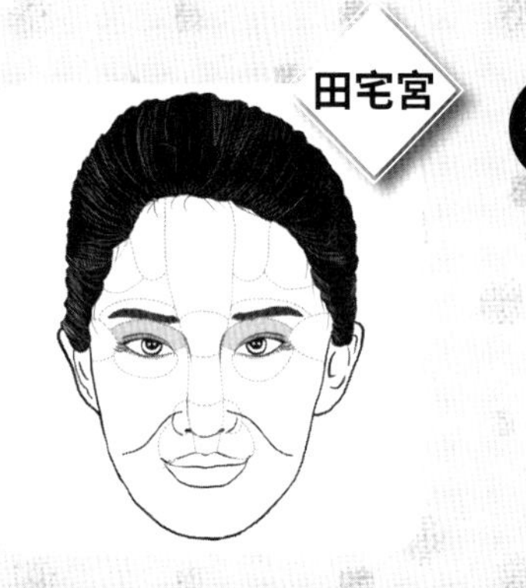

有痣 有善痣（善痣是只有閉起眼睛，才看得到的痣，其餘平常就看得見的，都是惡痣）的人，一生中較受年長的異性喜愛與追求，也較能受到長輩的提拔與幫助。
假設是惡痣，則代表此人個性較為封閉，不喜歡與他人往來，與家人關係也不佳。
男性在田宅宮有痣，表示「因妻而貴」；女性在田宅宮出現惡痣，則容易會有桃花事件而發生延誤婚事，或是家庭糾紛。

有紋 小心此生購買不動產容易吃虧，或是時常要搬家、換房子，甚至是在房地產投資上損失不少。

有疤 小心此生購買不動產容易吃虧，或是時常要搬家、換房子，甚至是在房地產投資上損失不少。

顏色 出現淡淡粉紅色或黃色，代表有進財或購買房地產；如果與命宮同樣出現暗黑或赤紅，則要小心有官司或與人爭吵的事情發生。假設出現白色，則要小心父母的身體健康。

表1-26

十二命宮的痣、紋、疤與氣色的相學意涵

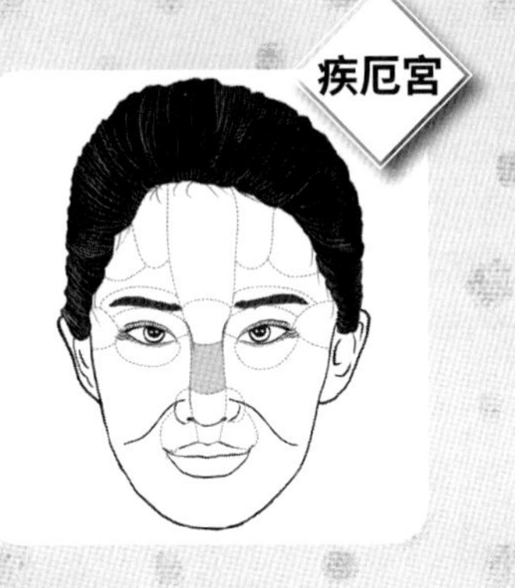

有痣 如果出現惡痣，因為得不到父執輩的事業根基或遺產，不應該老守家鄉，而適合外出發展、打拚。

在男性方面，代表事業的起伏較大，且相當受到異性的喜歡。在女性方面，則代表丈夫運不佳，或是為丈夫辛勞一生。且由於疾厄宮代表41、42及43歲的行運，所以這段期間的婚姻或事業容易挫折。

有紋 如果有紋，不論男女，可能一生都容易為情所困或為錢所囚。

若有一道橫紋，代表事業路途上有一條橫溝，開始創業會較為辛苦，且橫紋越多、挫折越多。

假設橫紋有斷裂的人，因為得不到父執輩的事業根基或遺產，不應該老守家鄉，適宜外出發展。

至於再接再厲之後能否成功，就要看鼻子的氣勢與下停的搭配如何。

有疤 有疤時，恐怕在婚姻路上，會發生許多狀況，不是較難結婚，就是為婚姻而苦惱。

顏色 疾厄宮如果氣色黯淡，恐怕表示即將有疾病，或是災難發生。且氣色不佳時，更要注意防範官災、意外或感情生變。如果氣色開始明亮，代表病況很快就會好轉。

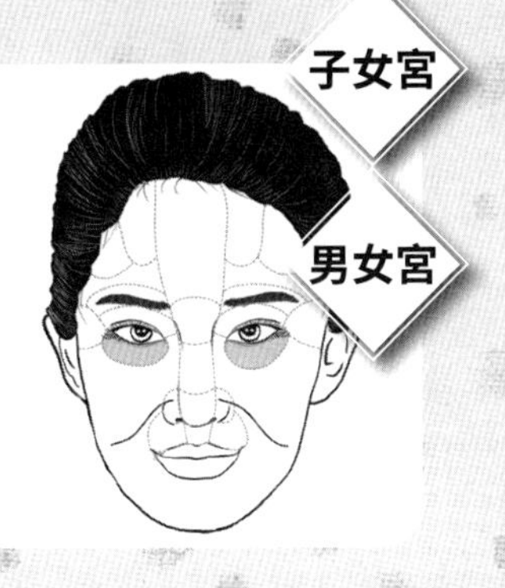

有痣 有黑痣，恐會為子女操勞，或過於寵愛子女。

痣在眼頭是為長男、長女憂心；在眼尾則為么男、么女操心。此外，也有男右女左為女兒，男左女右為兒子。

如果是善痣（又黑又亮），一般子女還滿有出息的，但要注意避免因為多情善感而惹出爛桃花。

有紋 如果有亂紋、皺紋，可能因為內分泌機能不佳的問題，不容易懷孕生子。

表1-26
十二命宮的痣、紋、疤與氣色的相學意涵

有疤 有疤則代表可能會為子女操勞，或過於寵愛子女。

顏色 子女宮氣色明亮光潤時，代表此人心地善良、善積陰德、子女健康且可出人頭地。假設顏色灰暗，則要小心有縱慾過多的傾向。
男性的子女宮突起且顏色潔淨，可能是妻子懷孕的好兆頭。

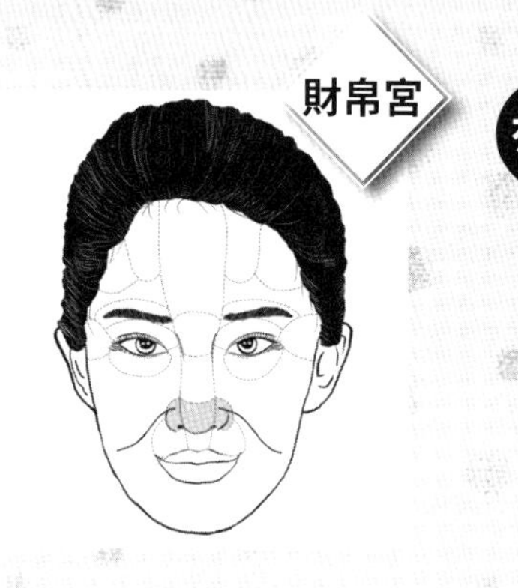

有痣 痣如同水管或水缸上，被鑿了一個破洞。因此，如果痣出現在鼻樑上，則代表必須很努力，才有進財運勢。
假設出現在準頭上，則代表錢進了門，但很多都「漏」掉了，且容易為異性破財（例如犯桃花劫）。
長在鼻翼上，則代表常有意外破財、損財的機會，一生一次的大破財大約會在 41 至 50 歲間出現，或是招惹出男女桃花事件或婚姻出現問題。在這段期間，千萬要小心不要隨便進行投機生意，或是鬧出感情糾紛。
對女性而言，鼻子又代表夫運。因此，鼻樑上如果有痣，恐怕婚姻及事業上都不會很順，或是夫運較差，必須為夫而辛勞。

有紋 有紋路跟痣一樣，代表中年運勢容易有挫折失敗，也比較難聚財富。

有疤 女性如果在財帛宮有受傷、斷裂或整形失敗，則會影響到「夫運」，不是婚姻會出現困難，就是很難有好姻緣。

顏色 財帛宮如果氣色透明光量，代表目前財運甚佳、收入增多；假設出現赤紅色，可能會有破財及疾病之兆。特別是鼻翼上出現紅絲，表示手頭甚緊、無錢周轉或破財。
一旦鼻子蒙上黑塵，將代表財務周轉不靈或家中有人（其中以女性的丈夫機會最大）生病，甚至是心情不好、想不開的傾向。如果出現暗滯青黑色，恐怕會有災害、疾病或事業挫折，導致破財、婚姻破裂、流產等不好的事。

表1-26

十二命宮的痣、紋、疤與氣色的相學意涵

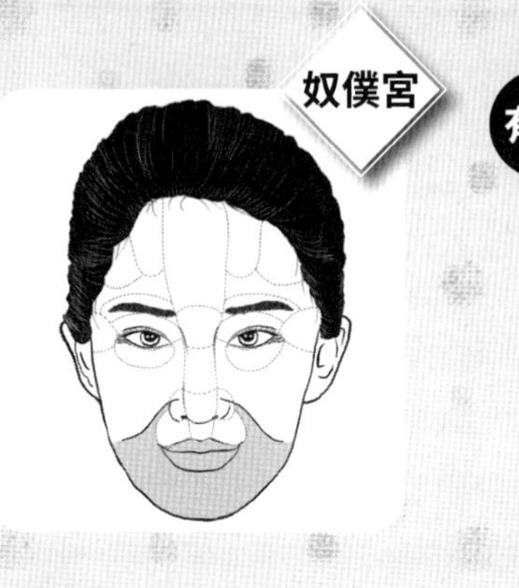

有痣　一般下巴有痣的人，雖然面相上是具有「主管格」之人，但還要有善痣或惡痣之分。

惡痣代表會受不忠實部屬或晚輩所連累，或是在領導管理上，常有挫折及不順的事情發生，甚至晚年運也會受影響。

如果下巴有善痣，大部分都是當老闆居多，平時精力充沛、相當活躍、記憶力也強，一生有住家豪華的命格，也備受部屬、晚輩的敬仰。

有紋　如果法令紋深長，形成「燕頷形」的下巴時，代表做事有魄力、肯苦幹，可領導眾多的部屬及晚輩，成就一番大事業。但假使單純下巴有斑的人，面相上認為可能會常搬家，或是晚運較不佳。

有疤　出現疤痕則代表常受不忠實部屬或晚輩所連累，在領導管理上，常有挫折及不順的事情發生。下巴有疤的人，面相上認為可能會常搬家，或是晚運較不佳。

顏色　如果出現淡黃色或粉紅色，代表可以獲得部屬的支持或與人合夥做生意成功。假設出現灰黑色，皮膚看起來有點髒髒的，小心部屬會有意外，不適合遠行。如果出現赤紅色，代表部屬可能會有口舌會破財的情況發生。當出現青色，要小心部屬出現意外損傷。

資料來源：彙整自《人可貌相》p.191-343

若要將以上痣、紋、疤與不吉利的顏色去除，有些可以靠美容方式、美妝技巧或醫美手術進行化解。例如，透過徹底做好臉部的清潔功夫，就可以減少青春痘的發生；另外，關於「細紋」或「皺紋」方面，只要不是太粗的紋路，晚上用晚霜保濕滋養，並勤加按摩，就連淺的法令紋也會逐漸淡化。

至於臉上可能影響運勢的惡痣，到底該不該去除呢？單從醫學的角度來看，如果痣已經出現形狀或顏色等變化，為了預防產生惡性變化，一定要透過醫療管道去除。如果只是考量到美觀與否，就不一定要做「點痣」的動作。因為坊間許多點痣的藥物，不見得安全，如果隨意自行點痣，可能造成潰瘍或疤痕，反而更將造成運勢上的不利影響，不可不慎。

此外，不論是面相師或中醫師都認為，臉上受傷留下疤痕，以相學來說代表「破相」，會對命運、健康流年有絕對的影響。只不過，儘管疤痕不美觀，卻有示警作用。因為疤痕出現在哪裡，代表相應部位的器官出現警訊，與流年結合，便可知道自己在哪些流年處於不利的狀況。

其實，在某些面相師的眼裡，不只有皮膚受傷所留下來的疤痕，會有「破相」的可能，穿耳洞、鼻環這些行為，也會造成破相的格局。例如，相學理論主張，男人與女人都有各自應有的格局，像男人就不應穿耳洞，因為這算是一種很嚴重的「破相」。

但是，這並不表示對臉部某些缺陷部位進行整形，就一定沒有效果。例如，面相師曼樺就以隆鼻為例強調，隆鼻一定要趁早，假設過了 35~40 歲鼻運之後再隆，就已經失去一半的作用。

各種運勢的綜合判斷法

看面相，必須要綜合多個部位一起參考，不能單憑某一位置的好壞，就驟然做出結論。

舉例來說，如果美眉要找他人幫忙，或是選擇伴侶，最簡單的就是選擇「事業宮」、「命宮」明潤，還有「耳朵氣色白過臉」的「好運之人」。此外，印堂（命宮）、事業宮（官祿宮）與財帛宮，是觀察一個人事業與前途的主要宮位。其中，事業宮主要是看這個人有沒有「功名」及「事業」的運勢。接著，要觀察此人的財帛宮（鼻子），是否有「自我努力」與「賺錢」的運勢。最後，要搭配及參考這個人的「印堂」（命宮），以進一步確認當事人除了好運及努力之外，一生的運途是否有「心想事成」的結果。

由於每個人的成功原因都不盡相同。此時，再配合「雙顴」（人際關係），以及位於下巴的「奴僕宮」（領導統御），以及「法令紋」（社會地位），就可綜合推斷出這個人事業得利的原因，到底是來自於「自我努力」、「部屬幫忙」或是「人際關係」的加持，甚至是最終可以獲得的利益，到底是屬於「財帛」（錢財）、「事業地位」，或是「不動產」。

表1-27

各種運勢的好運面相

官運

印堂 印堂越寬廣越佳，表示其人氣量寬宏，宰相肚裡能撐船，有容人之量，官運必然亨通。最忌印堂太狹窄，即一般所謂的「兩眉交鎖」，代表很容易因為衝動而招惹糾紛。

眉眼 一般眉眼較長的人，大多勤於求學、上進心強，也表示官運比較長；至於眼睛大的人，則財運比較旺，反而不適合做官的相格。

法令紋 法令紋有淡淡細紋，繞過口唇正好收住為佳。凡是做官的人，必須有良好的法令紋來搭配，才能官運亨通。因為好的法令紋代表部屬運良好，可以有一個好班底，來支持他實踐理想和抱負。

法令紋最忌過粗或過深，表示會因個性衝動而犯下大錯。此外，如果沒有法令紋，就不適宜擔任武官或是威權的職務，只能擔任文教、外交、參謀之類，不用站在第一線的職務。如果法令紋不好的人，就算因為僥倖而位居高職，也恐怕會因為領導階層與部屬的權責關係不佳，而陷於混亂的狀態。

地閣 地閣即「下巴」，面相學強調地閣的氣勢必須寬厚有力，才能晚運大發並掌握實權。

功名 擔任公教職務

耳朵 最佳的面相是「耳如提起」，也就是耳朵高於眉毛。有這種面相的人，一般都智慧早開，很年輕（例如 20 幾歲）就可出人頭地。如果耳朵太低（耳低過眉），則屬「大器晚成」型。

印堂 印堂寬廣的人度量大，是所謂「宰相肚裡能撐船」的人，自然能夠成就一番大事業。

地閣 一般上班族要升遷到高位、能夠獨當一面時，通常已經走入中年，也就是要進入晚運的時候了。因此，地閣是否寬而有勢，對一個人能否位居要津，就有相當大的影響力了。如果

表1-27
各種運勢的好運面相

功名 擔任公教職務

地閣生得比較尖小、氣勢不夠的話，晚運之前的升遷都有可能受到影響。

眼睛 眼尾較長的人，是面相中具有「科名」的相格，代表其人在學識、名望及官位上，都有極佳的運勢。

權柄 代表「以德服人」

額頭 如果從額頭一直到印堂，都長得豐潤圓滿，表示這個人能夠「少年得志」，在年輕時，理想和抱負都能按部就班地一一實現。

眉毛及眉骨 代表一個人的權勢，因此，當一個人的眉骨豐隆圓起，比較有掌握實權的可能；但如果眉骨太尖而露，則恐怕容易和別人發生糾紛與是非；至於眉骨平坦或凹陷的人，相書上認為不適合掌握實權。
眉毛的粗濃與眉骨一樣，也是「權柄」的代表。所以，粗濃眉毛的人較有掌權之命，輕淡眉毛的人則不易掌權。當然，這還要搭配一個人的臉型與五官的配置而定。

眼睛 眼長而正，看起來和藹可親的人，不是直接，就是間接掌權的相格。

鼻子 鼻子的兩側俗稱為鼻腳或鼻翼，相學上又稱為蘭台（左）與廷尉（右）。鼻翼堅實有力、輪廓分明的人，比較容易有掌握大權的運；至於鼻翼細小無力、肉軟而薄的人，比較不易掌握實權。

法令紋 法令紋淡而清晰，並且向嘴巴兩邊走去且過口即停（即不能太長），表示這個人的個性正直無私，一生都能掌握權柄。如果法令紋中斷，代表權柄會破損。此外，太長、太深或太多（例如兩條）都不適合掌握大權。

貴骨 位於腦後的後腦勺。這塊骨頭以圓潤者為佳，如果呈現尖削的形狀，則是比較不吉的面相。

表1-27
各種運勢的好運面相

財富

部位	說明
眼睛	眼大而圓者，一般福祿都比較豐厚，特別是金錢財富及物質生活方面。
天倉	位在眉毛後方上面，代表少年之財，且該部位必須圓滿而隆起，才是真正有錢的相格。
山根	位在兩眼之間，代表年輕之財。山根高寬表示青年時期的財運佳；山根低陷的話，代表早年生活較為困苦，是發達比較晚的相格。
顴骨	代表中年之財，但以「圓潤隆起」才是好相。相書上認為，中年之財必須要靠顴骨的「輔助」，才能「守得住」。
年壽	位在鼻樑骨中間這一段，代表賺錢能力與中年之財，可判斷中年運的經濟狀況，一般以平直為佳。如果鼻樑骨凸起有結，或凹陷無力的話，在中年期容易遭逢意外破財的命運。所以，這段時間內應該要極力避免投機性事業。
準頭	即鼻頭，主要是判斷一個人的「賺錢能力」，尤其準頭「勢如懸膽」的人，財運最佳。
鼻翼	鼻翼主要是判斷「聚財」（存錢）與「理財」的能力，鼻翼豐厚有力的人，比較有存錢的習慣，俗稱「有庫」，也就是那種只要錢進了口袋，就出不去的「善於存錢」的相格。
鼻孔	鼻孔是看「花錢的態度」。鼻孔越大的人，越捨得花錢；孔小而內收、正面難以看到的，就是那種只喜歡賺錢，卻捨不得花一毛錢的人。
耳朵	耳垂代表一個人的福氣，所以當耳垂飽滿時，代表福氣與財運都亨通。
嘴巴	俗話說「嘴大吃四方」，嘴巴要夠大，才能夠擁有過人的財富。
地閣	代表老年及不動產之財。老年之財以下巴好壞為輔助，因此，凡是下巴隆起的人，晚年自然財帛旺盛。

表1-27
各種運勢的好運面相

財富

肩胸 肩宜寬而胸背宜厚。肩膀寬闊、胸部渾厚也代表肺活量強，並表示這個人少年發達、福祿天成。如果肩小、肩削、胸薄，在相書上恐有「紅顏薄命」的意義。

臀部 臀部為人一生的財庫，理想的臀部除了寬大之外，還要外形渾圓，從側面看時，要有一點上翹的弧度。如果是窄小而平板的臀部，在相學上有「福薄」的暗示。

氣色 進財大發的氣色首先是「光潔」，特別是在準頭上出現白而發、由內而外透出的光亮，表示目前財運正好；其次是「黃潤」，特別是在印堂及準頭上，出現黃中帶亮、潤澤的膚色，就表示目前正進行龐大的投資事業，而且有厚利可得。
如果出現赤色、黑色或乾枯的顏色，都代表目前是經濟上的危險、困頓期，且缺乏進財及突破的機運。

口才

嘴唇

❶ **唇闊**
不論男女，只要嘴角開闔角度大、口唇較闊的，一般都比窄的善於言辭、反應快、頭腦機智、說話也較得體，很容易因「好口才」而成名。

❷ **嘴唇比較薄的人**
比較善於言辭，不僅講話客套不失禮節，也比較能夠化解尷尬的場面。

❸ **嘴角鼓起**
嘴唇的兩邊在相學上稱為「海角」，這兩塊鼓起的話，講話比較「甜蜜」，像灌迷湯一樣，讓人不知不覺地附和意見。

壽元

長壽

耳朵 耳垂圓大　**人中** 人中長　**地閣** 下巴有力

表1-27

各種運勢的好運面相

子女

淚堂 位在眼睛下方，豐闊、有光澤為佳，代表這個人生殖機能健康、內分泌旺盛，容易懷孕生子。如果淚堂過於乾枯，而且氣色較為青暗，中醫師認為表示此人有生理機能萎縮的傾向。

人中 深而長且輪廓分明、上窄下闊且左右平均，表示此人很容易就有子女，而且健康好養，長大後也有出息。古代面相書認為，如果人中太短或嘴唇上掀、人中淺而平滿，都是得子困難的現象。

口唇 稜角分明、唇紅齒白、形狀端正而嘴角向上，如果能與臉型搭配得當，表示晚年有子孫可以依靠、安享福祿。但假設口唇太薄、太乾或口唇光潔無紋、皺紋太多等，都是難享子福的徵兆；嘴角向下的人，也要小心晚年會有孤獨、子女遠離的情形。

夫妻宮 太陽穴平整或飽滿、氣色明潤、無疤痕或凹陷，不但個人有魅力，也代表桃花運旺盛，且婚後家庭運好、夫妻相愛、家庭生活美滿。

眉毛 眉毛又叫「兄弟宮」，代表自我個性的顯現，也主人際關係，且是女性的「情緣宮」，主 31~35 歲的命運。眉毛如果完整光亮，代表會有極佳的人際關係與好人緣，多談戀愛或結婚的運，當然就比較強。

鼻子 鼻子也代表女人的夫運。另一半運勢旺不旺，單看鼻子就可以知道。

表1-27
各種運勢的好運面相

房產 田宅運	
地閣	下巴也代表房產緣分，越是豐厚的下巴，代表房產數也同樣「豐厚」。
眼皮	此處為田宅宮，又有「財寶箱」的稱謂，若寬且突出，才有擁有房地產的命。

資料來源：《面相學幫你改運招桃花》p.50-125、《形象好女人》

1 財富

所謂的「財運」，有不同的來源與種類之分。例如，來自父母、長輩的「遺產」；來自個人努力及事業成功，所獲得的財富或報酬；或是來自優於常人的偏財運，因為中大獎而有大筆金錢進帳。

至於財富的種類，有些人的財富是表現在龐大的不動產上；也有些人的賺錢能力很強，手頭上可供差使的金錢非常多，卻是財來財去，一毛錢都攢不下來。以上的財富差異，都可以從一個人的長相及宮位上的蛛絲馬跡找到。

001 從宮位判斷財富來源

父母宮

父母或祖先留下來的資產，或直接給予的財富，也可能是長輩、長官或老闆給的財富。

事業宮

由個人努力工作而獲得的利潤或報酬。

財帛宮

鼻子代表了一個人的財庫，以及是否擁有財富及儲蓄。

遷移宮

因為受到朋友的資助而獲利，或是到外地打拚或轉換工作環境而獲利。

田宅宮

判斷手中房地產的多寡。

福德宮

本身的福氣與財運，因為中大獎得利，或是因為德行獲得晚輩及子孫的奉養；另外，福德宮也代表手頭上流動資金的多寡，因為手頭上錢多的人，比較有福氣能夠享受生活。

資料來源：《人可貌相》p.262

2 貴婦面相

001 具有幫夫運的賢內助

俗話說：「成功男人的背後，一定有位偉大的女性。」而具有超強幫夫運的女性，因為能給另一半支持與協助，當然就能成為男人的幕後推手。以下是具有幫夫運女人的特點：

新月眉

眉形彎彎似一輪新月的美眉，具有秀外慧中、精明能幹、進退應對得宜的優點，不但是標準的賢妻良母，也具有絕佳的幫夫運。

鼻子高挺

由於鼻子象徵財富，因此，擁有鼻樑直挺、山根豐隆、鼻翼飽滿等特徵的美眉，不但天生貴氣，成為「貴夫人」的機率也比他人高。特別是鼻子大的女性朋友，本身的賺錢能力就很強，當然也可以給予另一半事業上的堅強助力。

下巴圓滿

下巴圓滿的美眉個性體貼敦厚、吃苦耐勞，能夠讓另一半完全無後顧之憂地向前衝刺事業，可以說是最標準的賢內助。相書裡提到：「豐頷（下巴）

重頤、旺夫興家」，即是指下巴飽滿，並擁有雙下巴的面相，就是具有幫夫運的好相。此外，牙齒整齊、嘴角上揚的女性朋友，因為能適時地給另一半鼓勵，增加對方的信心，也是屬於「旺夫」一族。

002 容易嫁入豪門的好命女

嫁入豪門當少奶奶，從此過著幸福且優渥的生活，應該是許多美眉們的夢想。其實，能飛上枝頭當鳳凰、嫁個金龜婿，除了既有的長相、外貌外，從面相上來看，也是「有跡可循」。

夫妻宮寬闊

夫妻宮位於眉眼後端延伸至髮際的部位，夫妻宮開闊的女生，由於吸引小開、多金男的機會較高，自然能夠嫁得「貴夫」。

眉相好

眉形細長、清秀不亂且整體長度要超過眼睛，容易得人喜愛、有人緣，才是富貴好命的眉相。

鼻子端正

擁有鼻直而挺、山根豐隆、鼻翼飽滿的鼻相，這樣的女生很有貴氣，會因為「夫運較好」而有「夫人」命。

下巴圓滿、嘴常笑

下巴圓的人脾氣好、個性圓融，對於豪門裡的諸多規矩較能容忍。此外，整天笑臉迎人的女生，異性緣及長輩緣都佳，獲得有錢人父母認可的機會，自然就會比較高。

003 自行創業的女強人

由於景氣起伏不定，裁員、失業狀況頻傳，讓許多人紛紛起了自行創業的念頭。不過當老闆並非人人適合，而從面相上，也可以看出需要具備哪些特質，才是天生當老闆的命。

額相好

額頭寬而圓、顏色紅潤有光澤的人，氣度大、眼界遠，即使暫時面臨挫敗，也不會因此卻步，反倒更加勇往直前，做起事來當然就更容易成功。

顴骨有肉

顴骨除了代表權力及企圖心之外，也表示一個人的「求知慾」。顴骨發達的人求知慾強、自我要求較高，且擁有精益求精的超強企圖心，當然能為自創事業加分。

嘴角上揚

擁有此面相特徵的人，人際關係方面比較吃得開。正所謂人脈通錢脈，嘴角上揚的人常常能夠得到許多金錢與人際上的協助，自然更有利於創業。

004 在職場中升官發財的成功贏家

升官加薪是幾乎每個上班族的夢想，但除了自身的加倍努力之外，還需要其他條件的配合。例如，在競爭激烈的職場中，有些人雖然沒有顯赫的家世背景，卻能打敗眾家對手、獲得拔擢並脫穎而出。

此時，先天的資質與人際關係都不可或缺。例如，不受環境與想法制約的人，總是能從平凡事物中挖掘出賺錢的契機。職場如戰場，交際手腕也是在工作場所生存的利器之一。八面玲瓏的人不僅人脈廣、吃得開，做事如魚得水，升遷也特別快。

濃眉加額頭高

眉毛濃密的人在思想上比較有主見，對自己的想法很有自信且勇於表達。此外，額頭高且飽滿的人，代表見多識廣、能言善道、頭腦好、創意點子多，企圖心也較強，會將想法付諸行動。且通常能靠著貴人的扶持脫穎而出且出類拔萃。

臉圓紅潤

臉圓代表有福氣，尤其在財運上總是特別好運，加上臉色紅潤有光采，代表會受到幸運之神的眷顧，常常會有加薪或贏得紅利獎金等好康。

顴骨高

顴骨象徵權力和企圖心。顴骨高的人自尊心與競爭力都強，絕對不會輕易被惡劣的外在環境與失敗打倒；而且，也因為懂得把握機會，自然能成為職場上的幸運兒。

眼大而有神

眼大而有神的人，不但善於察言觀色，同時交際手腕也好，既不會因合不來就得罪對方，對於不喜歡的人也不輕易表現出來，仍會維持禮貌性的來往，所以能與每個人都成為朋友，並進而成為職場上的助力。另外，眼睛長而有神的人，具備心思細膩、有智慧，且做事專注的特質，能排除困難，將創意化為賺錢工具。

嘴大唇厚

嘴巴越大的人朋友多，自然也容易獲得貴人的相助；此外，嘴唇厚的人通常個性寬厚、講義氣、交友廣泛，對於事業的拓展很有幫助，升遷加薪就指日可待嘍。

Part 2

健康好氣色

前一章談到了中國古代面相書的重點。其實，古代中國的面相術與醫學是一家的。簡單來說，傳統中醫師們看診時最重要的「望、聞、問、切」四大重點，與面相術裡的「觀體貌、察氣色、揣骨肉、問事體、切脈搏」，基本上沒有多大的差別。

所以，過去中醫師才有所謂的「學醫不學相，看病易走樣」的說法。而在醫相相通的邏輯思維之下，面相師也借用「五行人說」、「臟象說」、「經絡說」與「運氣說」等，中醫師常用的健康、治療與養生方法，來判斷一個人在不同時間的運勢及此生命運，當然也包括一個人的健康與否。

如果美眉們想要觀察自己的健康狀況，必須先從「大局」上進行整體的掌握。簡單來說，臉部的大局就是一個「神」字，也就是「光采」。例如，眼睛首先要有光采，也就是黑白分明、水水潤潤的感覺；接下來是上、中、下停的光采，這三個部位的光采情形要能平衡，而且沒有疙瘩或不平整的情形。之後，再依據臉部各個部位，進一步細看。

從五色看出健康狀況

如果美眉首先要由臉部「大局」所重視的「神」及「光采」，判斷自己的健康，就必須先了解中醫「望診」中，相當重要的五色與疾病關係理論。

話說數千年前，古代中醫重要典籍《黃帝內經》裡，就提到紅、青、黃、白、黑等五種顏色，在一個人的臉上出現時，就代表人體的心、肝、脾、肺、腎等五臟，出現了影響健康的疾病。

表❷-❶

中醫與五行、五氣、五色、五臟、五官的對應

陰陽	陽		陰		
五行	木	火	土	金	水
五氣	風	熱	濕	燥	寒
五色	青	紅	黃	白	黑
五臟	肝	心	脾	肺	腎
五官	眼	舌	口	鼻	耳
五病	驚駭	五臟	舌根	肺部	四肢大關節
五體（主要疾病）	筋	血脈	肌肉	皮毛	骨
五動（病變狀況）	抽搐	氣逆	呃逆	咳喘	寒顫

資料來源：《內經 ・ 金匱真言論》

在中國古代重要醫學典籍的《黃帝內經 · 靈樞 · 五色篇》中，有這麼一段話：「黃帝曰：明堂骨高以起，平以直，五臟次於中央，六腑挾其兩側。首面上與闕庭，王宮在於下極。五臟安於胸中，真色以致，病色不見。明堂潤澤以清，五官惡得無辨乎？……沉濁為內，浮澤為外，黃赤為風，青黑為痛，白為寒，黃而膏潤為膿，赤甚者為血痛，甚者為攣，寒甚為皮不仁，五色各見其部，察其浮沉，以知淺深，察其澤夭，以觀成敗，察其散摶，以知遠近，視色上下，以知病處，積神於心，以知往今。」

以上內容用大白話來說，就只有兩大重點。其中之一是：中醫認為不同臉色主不同臟器的疾病，例如「色青多為肝病，色赤多為心病，色黃多為脾病」，其根據就是「紅、青、黃、白、黑」五種顏色分別為人體「五臟」的本色；另一大重點，則點出了不同顏色在不同病痛及徵象上的辨別與區分：青、黑色多主「痛」，黃、紅色多主「熱」，白色則多半代表「寒」（請見表2-2）。

表2-2

臉色異常所代表的健康問題

臉部顏色	代表疾病或健康問題	病證	對樣臟腑
紅赤	多為熱證，也代表心火旺盛，容易有高血壓、心腦血管系統的疾病。	熱證	心
黃	此為脾病濕盛的徵兆，如果皮膚的黃中帶青色，或眼白泛黃，則可能有膽汁外溢的問題。鉤蟲病的病人由於長期慢性失血，也會造成臉色枯黃。此外，還有藥物中毒等。	濕證	脾
白	白色常見於一些虛寒證、貧血及某些肺病患者，主要是因為氣虛、血虛、貧血等所引起。	虛證	肺
青紫	缺氧所致；如果是青色，則代表肝功能不正常，罹患慢性肝炎、肝硬化、肝癌等肝病。	氣滯血瘀、驚厥、疼痛證	肝
黑	這是慢性病的前兆，常見腎上腺皮質功能減退、慢性腎功能不全、慢性肺功能不全、肝硬化等重病患者。	嚴重血瘀、水飲證	腎

資料來源：彙整自《83種疾病前兆》p.68，以及《看相養病》p.27、214-215

不過，在中醫「色診」的判斷裡，並不是出現了這五種顏色，就一定代表不健康的「病色」。以黃種人為例，每個人的膚色都會有偏紅、黃、白、青或黑色的情形，且以上五種顏色，也有「吉」與「凶」的區別，分別代表著一個人的「精氣健旺」或「精氣已衰」（請見表 2-3）。

表2-3
五色的吉凶意涵

	吉色 表示「精氣健旺」	凶色 表示「精氣已衰」
紅色	像白絹裹著硃砂一樣白裡透紅。	像赭石一樣紅而發紫。
白色	像鵝毛一樣光潔的白色。	像食鹽那樣白而枯槁。
青色	像碧玉一樣青而潤澤。	像藍草那樣的靛深。
黃色	像綾羅裹著雄黃一樣鮮明。	像黃土一樣乾澀。
黑色	像油漆一樣黑得發亮。	黑而晦暗。

資料來源：《黃帝內經 · 素問 · 脈要精微論》

為什麼單從臉上的顏色，就可以輕易看出一個人的身體健康與否？《人體臉書》中就曾如此解釋：宇宙中有一些特定的粒子，是透過脾來吸收的，如果脾的功能好，這些粒子就會收藏得很好；如果脾受傷了，這些粒子就會溢出來。這些粒子在人類的眼中是有顏色的，肝臟為青色粒子、心臟為紅色粒子、脾臟為黃色粒子、肺臟為白色粒子、腎臟為黑色粒子。

這也是為什麼，過去中醫在診斷或是研判疾病的輕重時，除了最為人所熟知的把脈之外，還會綜合以上五色－五臟－徵象，進行整體性的判斷及評估，才能夠對證下藥且藥到病除的原因（請見表 2-4）。

表2-4

中醫的「五色」與疾病間的關係

臉色 青

五臟疾病 主肝病　**徵象** 主氣滯血瘀、組織缺氧與劇痛

原因
1. 常色偏青：因為「肝氣」不能正常疏通宣洩，形成輕微氣滯血瘀的狀態。
2. 滿面青紫：氣滯血瘀、組織缺氧。
3. 臉色偏青：氣血凝滯。
4. 滿臉青色：「肝氣」無法正常疏通。
5. 肝風內動：因為「肝」無法控制「筋」的運定，發生抽搐、痙攣。

臉色 紅

五臟疾病 主心病　**徵象** 主熱證

原因
1. 熱　　證：實熱證是因「熱邪強盛」；虛熱證是因「精血津液足，導致虛熱內生」；假熱證是因「真寒假熱」。
2. 臉色紅赤：心臟病。

臉色 白

五臟疾病 主肺病　**徵象** 主氣虛、血虛、寒證

原因
1. 血虛：血虛的白是淺淡的白。由吐血、便血、尿血等出血引起，或是因為過度勞神損傷心血，或是心不生血、不榮於色。
2. 氣虛：氣虛的白是白裡透著青光，人體臟腑的生理功能減退。
3. 寒證：實寒是因為氣候過於寒冷、飲食過於寒涼、寒邪傷害身體；虛寒則是因為身體虛弱，臟腑生理功能減退、能量降低、氣虛生寒。

表2-4
中醫的「五色」與疾病間的關係

臉色 黃

五臟疾病 主脾病　**徵象** 主痰飲水濕證

原因
1. 萎黃：脾的氣和津液都不足，不能營養身體而造成的。
2. 黃胖：脾虛有濕，或是體內有寄生蟲。
3. 臉黃：膽紅素代謝失常，在體內淤積。

臉色 黑

五臟疾病 主腎病　**徵象** 主水飲瘀血，表重病和死證。

原因
1. 青黑色：體內有瘀血，且時間較長也較嚴重。
2. 灰　黑：氣滯血瘀、組織缺氧、腎病。
3. 紫黑色：病情嚴重，預後不良。
4. 黑　色：病情嚴重危急生命。

資料來源：彙整自《看病》p.44-48、58

此外，經由不同氣色在臉部上所出現的部位不同，經驗老到的中醫師也能看出病患可能罹患哪些疾病。其中，最先由臉上的三個部位：額面、顴頰與腮頰，來進行觀察。（請見表 2-5）

在此要特別提醒美眉們的是：這是古代中醫師根據統計而得出的「五色與疾病間的關係」，實際的身體健康狀況如何，還是要經由醫學的檢驗，以及有經驗的醫師之診斷才能確定。

表2-5
臉部色診

區域 額面

相應部位 天庭飽滿、明亮潤澤

顏色
1. 白　：主肝病、驚厥、脾虛寒。
2. 黃　：主小兒驚疳、消化不良。
3. 紅赤：主心火亢盛或心火擾神。

表2-5
臉部色診

	顏色	❹ 暗青：將要發生驚厥的徵兆。 ❺ 黑　：黑而聚集成團時，代表病情危重。
區域 顴頰	相應部位	各臟腑疾病
	顏色	❶ 白　　：主肺病或小兒消化不良。 ❷ 黃　　：主脾病。 ❸ 紅　赤：主熱證。 ❹ 青　　：主肝病、氣滯、血瘀。 ❺ 黑　　：主腎病。 ❻ 蟹爪紋：可能是肺癌。 ❼ 白　斑：主寄生蟲病。
區域 腮頰	相應部位	腎臟、腹部等臟腑疾病
	顏色	❶ 紅赤：主熱。 ❷ 黃　：主脾胃病。 ❸ 黑　：主腎病。

資料來源：彙整自《看病》p.270-291

除了大略觀察臉部三大色診區之外，經驗豐富的中醫師們，還可以根據臉上五官各區域或宮位氣色的細微變化，掌握當事人的身體健康密碼。因為《黃帝內經》認為，臉部的不同位置，分別對應人體的不同五臟六腑。因此，根據臉部相應臟腑圖，就可以從各個部位上的氣色及變化，歸納整理出哪些人體系統出了問題，以及可能罹患的疾病代表（請見表2-6）。

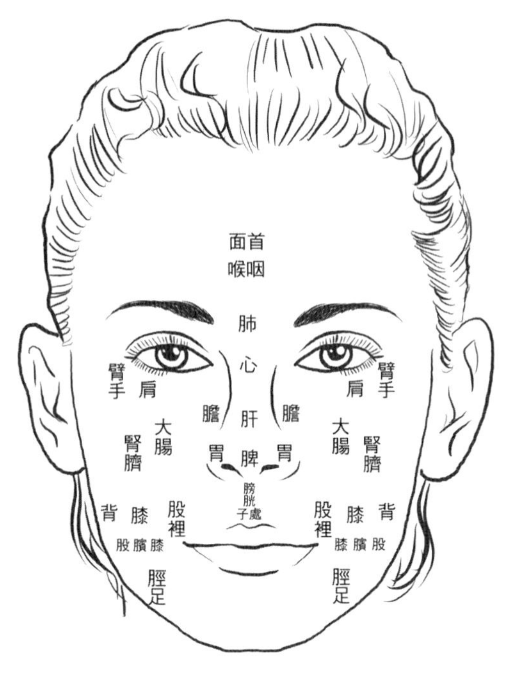

▲ 臉部相應臟腑圖

表2-6

由臉部各部位氣色看出健康狀況

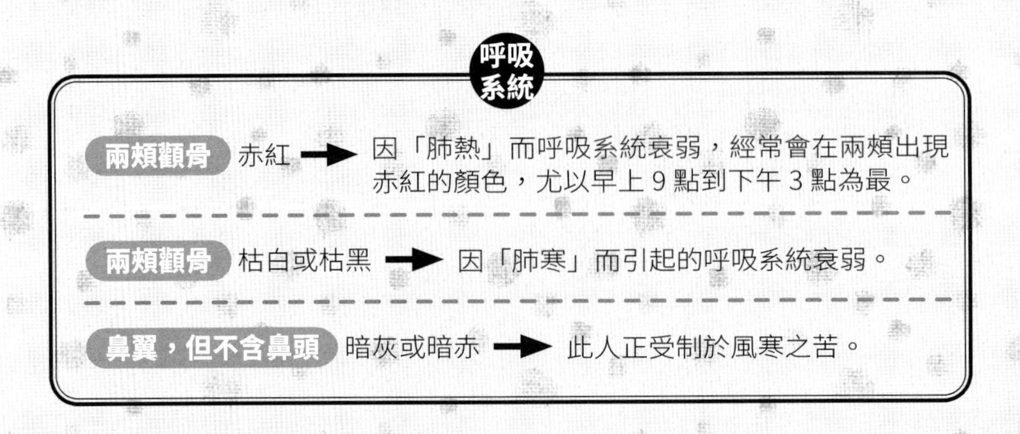

呼吸系統

部位	氣色	說明
兩頰顴骨	赤紅 →	因「肺熱」而呼吸系統衰弱，經常會在兩頰出現赤紅的顏色，尤以早上 9 點到下午 3 點為最。
兩頰顴骨	枯白或枯黑 →	因「肺寒」而引起的呼吸系統衰弱。
鼻翼，但不含鼻頭	暗灰或暗赤 →	此人正受制於風寒之苦。

表2-6

由臉部各部位氣色看出健康狀況

臉上 青筋浮露 → 如果再加上動作急躁不安，代表此人性急而衝動，容易染上神經系統的病症。

眉頭、嘴角、法令紋 枯白或枯黑 → 眉頭深鎖、嘴角向下、法令紋太深的人，容易有神經系統的疾患。

鼻樑中央 低陷或突出 → 容易染患腸胃方面的疾病。

額頭到印堂 低陷或氣色暗赤 → 有胃病的現象。

皮膚 白而顏色乾枯或略黑 → 容易染患腸胃病。

眼眶 乾燥而顏色黑暗 → 表示腎水枯竭的現象，泌尿、生殖機能必然較弱。

嘴唇 乾燥而龜裂、顏色青暗 → 腎臟、生殖功能較差。

耳朵 太薄而小，整個耳朵呈現暗色。 → 在先天上，就有泌尿系統衰弱的傾向。

表2-6
由臉部各部位氣色看出健康狀況

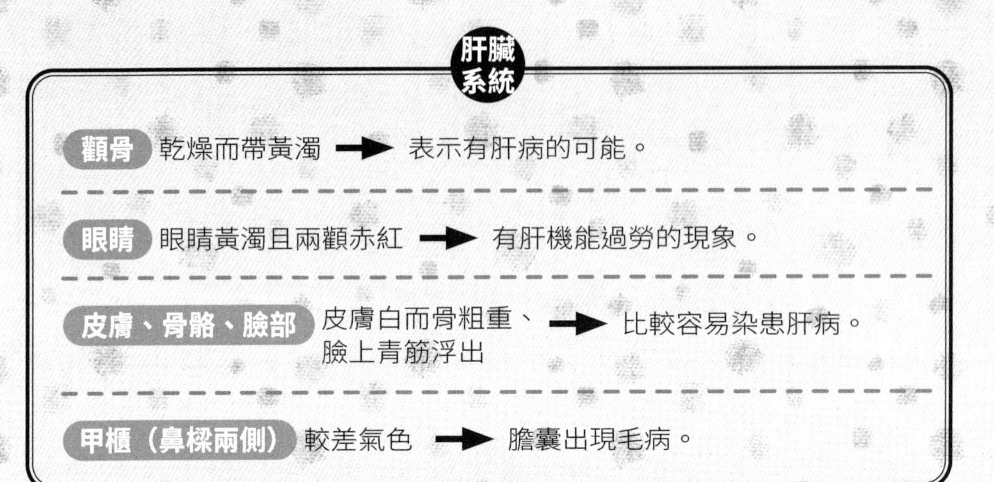

肝臟系統

顴骨　乾燥而帶黃濁 → 表示有肝病的可能。

眼睛　眼睛黃濁且兩顴赤紅 → 有肝機能過勞的現象。

皮膚、骨骼、臉部　皮膚白而骨粗重、臉上青筋浮出 → 比較容易染患肝病。

甲櫃（鼻樑兩側）　較差氣色 → 膽囊出現毛病。

循環系統

眼睛　混濁、充血或顏色發黃 → 代表循環系統是不健康的。

嘴唇
❶ 青色、紫色、黑色，或顏色鮮豔。 → 往往有心臟方面的毛病。
❷ 口唇乾燥加上兩顴骨赤紅。 → 往往有高血壓的傾向。

臉部　臉色蒼白而稍有浮腫 → 表示心臟功能比較不健全。

資料來源：彙整自《面相學幫你改運招桃花》p.96-99

表❷-❼
耳朵色診

白色 主虛、寒

❶ 耳色白	虛寒之證
❷ 耳色青白	突受風寒或寒邪直中。外界寒邪，包括氣候過於寒冷、飲食生冷過度等，沒有經過發熱、惡寒的表證階段，就直接傷害內臟。
❸ 整個耳朵顏色都白	消化不良
❹ 耳色晄白	氣虛。若加上耳廓厚，是「氣虛有痰」；耳廓薄則是「氣虛有寒」。
❺ 耳色淡白	血虛、血脫或氣血兩虛。用手揉搓耳垂後仍無血色，代表貧血或血液循環欠佳。
❻ 耳色白	腎氣虛弱

黃色 主濕、脾病

❶ 耳朵發黃	濕邪中阻
❷ 耳色淡黃	主濕阻脾胃。若伴有眼睛黃、臉色黃、尿黃症狀，則為黃疸。
❸ 耳朵黃得非常明顯	多主脾病，有消化不良、吐瀉等症狀。
❹ 耳色赤黃	燥熱。黃中有紅，為風證、熱證、濕熱證。
❺ 耳輪黃色明顯	伴有耳中痛為傷寒的徵兆。
❻ 耳黃伴有耳朵腫痛	風邪入腎。若忽冷忽熱，和傷寒差不多，是濕熱下結。
❼ 小兒耳色微微發黃	可能有睡中驚醒、磨牙等症狀。

表❷-❼
耳朵色診

紅色 主熱證

❶ 耳色紅赤	血脈擴張、氣血壅盛，多主熱證。也可能由於中耳炎、耳部長瘡腫痛或凍瘡等耳廓局部病變所致。
❷ 耳色鮮紅	發熱
❸ 耳紅而腫痛	心肺積熱或肝膽火盛、肝膽濕熱。
❹ 久病後其色淡紅	脾腎兩虧
❺ 耳色暗紅	氣滯血瘀
❻ 受寒後耳垂成紫紅色，腫脹潰瘍、經久不癒。	體內血糖過高所致，常見於糖尿病患者。
❼ 耳垂肉寬厚，顏色發紅且肥胖者。	容易患腦溢血。

青色 主寒證、痛證

❶ 耳廓或耳輪顏色發青	氣血運行不暢，多是血脈收縮引起的寒證、痛證。成年人耳廓（尤其是耳輪）為純青的顏色，多有疼痛性疾病，如關節炎疼痛、寒邪直中腹痛。小兒因皮膚薄嫩，血脈明顯可見，所以這項不適用。
❷ 耳色青黑	久病瘀血，劇烈疼痛或腎虛不足。
❸ 耳色青白	多為腎氣不足的虛寒證。
❹ 耳垂青色	體弱多病

黑色 主腎虛

❶ 耳色黑	多為腎病徵兆。耳色純黑是腎氣將絕；耳色淡黑為腎虛；耳黑乾燥是腎憊（腎虛極為嚴重）；耳輪焦黑乾枯是腎精虧極的徵象；耳畔的顏色黑得像煤塊，多為腎精虛虧。
❷ 耳色紫褐、皮膚粗糙，嚴重時如魚鱗狀。	久病血瘀或腸癰（急慢性闌尾炎、闌尾周圍膿腫等疾病）。

表❷-❼
耳朵色診

❸ 黑色從耳目開始，慢慢轉入口唇周圍。	多數病情危重，甚至是死證。
❹ 耳垂肉薄，呈咖啡色。	見於腎臟病、糖尿病。
❺ 全耳青黑	多見於劇烈疼痛。

表❷-❽
眼睛色診：**眼瞼（上眼皮）**

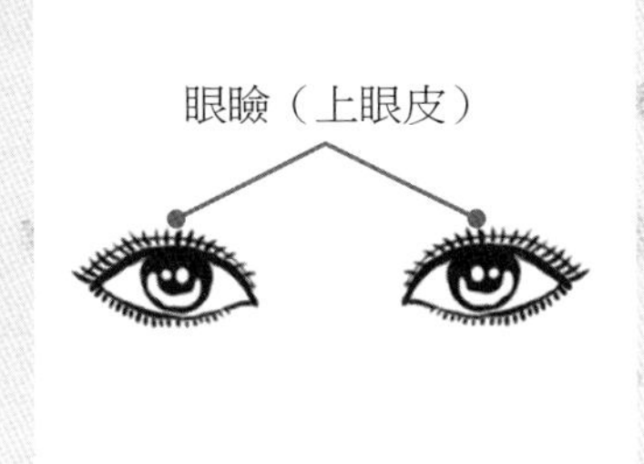

相應臟器 **脾臟**

白色

❶ 蒼白	主血虛證或寒證。

❶ 淡黃	脾虛
❷ 又黃又白、沉著不均	消化不良
❸ 皮膚表面出現微微隆起的黃色斑塊。	血脂過高，易患心腦血管疾病。
❹ 黃白相間，從眼瞼到臉頰有褐色點狀，或晦暗色斑者。	長期有婦科病者，如月經不調、痛經帶下等。

表❷-❽

眼睛色診：**眼瞼（上眼皮）**

紅色 主熱證

❶ 眼瞼邊緣紅赤	肺經風熱（外界的熱邪，主要是氣候過於炎熱、周圍環境過熱等，侵犯人體表層如皮膚毛竅，引起發熱、怕風等症狀），或濕熱鬱伏（濕和熱兩種邪氣傷害人體，互相膠結，潛伏在深部，比較難以去除）。
❷ 眼瞼邊緣發紅潰爛或濕腫	脾胃濕熱或肝膽濕熱。
❸ 眼瞼發紅、面熱腮紅、忽冷忽熱、咳嗽打噴嚏、手足稍冷	痲疹等流行性傳染病。
❹ 外眼角（魚尾）至額部左上角呈桃紅色	不治之症

青紫

❶ 眼瞼上下色青暈潤	過勞，精神不爽或睡眠不足。
❷ 邊緣青紫	神經衰弱
❸ 眼瞼、眼角皮膚青灰或有色素沉澱	可能有肝病。
❹ 上下眼瞼為紅青色	月經過多或白帶不止。
❺ 下眼瞼睫毛與下眼瞼相合處，呈現線條形淺黑色明亮帶。	帶下
❻ 下眼瞼青紅紫色	可能懷孕。
❼ 孕婦眼眶周圍與人中顏色青黃	可能是雙胞胎。
❽ 孕婦上眼瞼青暗，或下眼瞼水腫色紅，如臥蠶狀。	可能難產。

灰黑

❶ 下眼瞼出現青黑色	睡眠不足、過勞， 可能泌尿生殖系統有問題。
❷ 孕婦懷第一胎，心裡恐懼且下眼瞼發黑。	可能難產。

表❷-❽

眼睛色診：**白睛（眼白）**

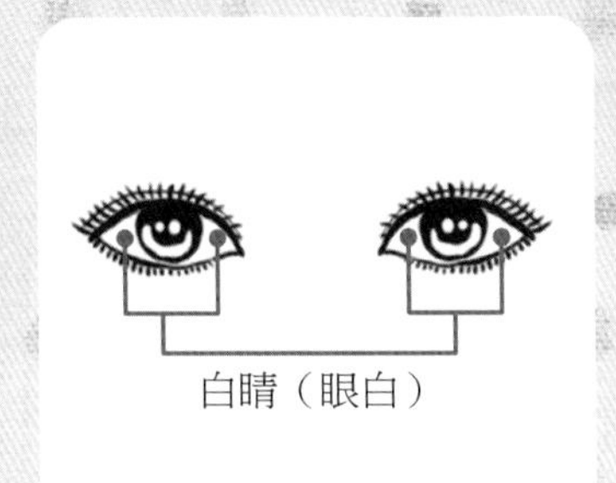

相應臟器 **肺部**

白色

❶ 瞼結膜顏色蒼白	有心臟病、循環系統疾病、患肺結核或貧血。
❷ 眼球嚴重發白	肺部有病。

黃色

❶ 整個白睛發黃	可能是黃疸，並參酌是否有小便黃、皮膚黃等症狀。
❷ 白睛輕微發黃	有胃氣，瘀血化解。
❸ 白睛血絲淡黃	疾病將痊癒。
❹ 血絲色淡黃，略有紅色。	病情好轉，但體內還有餘熱。

紅色

❶ 充血發紅	細菌、病毒感染。
❷ 白睛充血	嚴重失眠、心功能不全，高血壓等病症患者之疾病將發作。
❸ 局部或全部呈片狀，紅赤如胭脂，邊緣清晰。	腦動脈硬化。
❹ 瞼結膜有出血點	血液循環系統疾病，如高血壓、動脈硬化等，以及感染性心內膜炎。
❺ 赤中帶黑	疾病久治不癒。

表❷-❽

眼睛色診：**白睛（眼白）**

青紫

❶ 純正青色	肝熱
❷ 淺淡青色	肝氣不足
❸ 小而白睛色青	驚厥
❹ 過白且發藍	貧血
❺ 白睛有紅血絲	在 3~4 點鐘位置，微血管充血、擴張，顏色是淡青色，可能有肝炎。

灰黑

❶ 白睛灰黑	腎虛、勞欲太過、耗傷腎精，或瘀血內停。
❷ 癰疽形成膿血時，瞳孔縮小、白睛青黑。	病勢險惡
❸ 6 點鐘處，鞏膜的微血管充血擴張呈深紅、絳紫色、紅黑色，脈絡彎曲度大，或末端帶有瘀點或瘀斑。	可能有消化性潰瘍等胃腸道疾病，如胃酸過多、急性或慢性胃腸炎、胃或十二指腸潰瘍，甚至胃癌等。

眼睛色診：**目眥（前後眼角）**

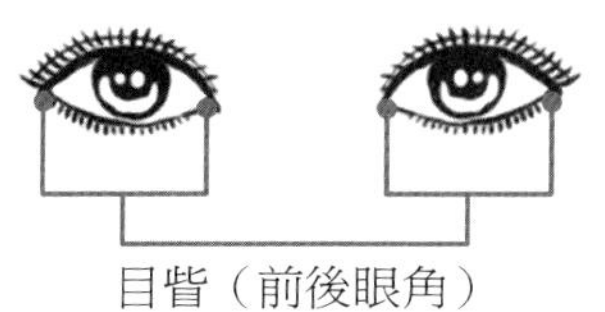

相應臟器 心臟

白色

❶ 眼角慘白	血虛

青紫

❶ 眼內呈青紫	肝病

表2-8

眼睛色診：目眥（前後眼角）

紅色

❶ 兩目內眥呈現紅色大頭針樣的斑點	可能有高血壓，是中風的前兆。

黃色

❶ 兩目內眥呈現淡黃	疾病將要痊癒。

眼睛色診：黑睛（角膜）

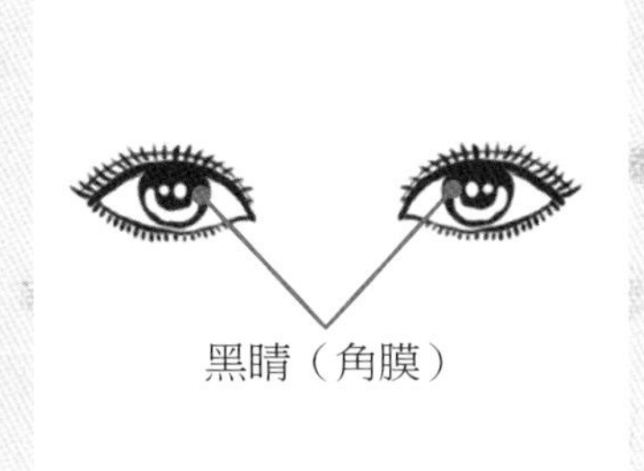

相應臟器 肝臟

白色

❶ 黑睛發白	主血熱、血瘀，可見於腦血管硬化、動脈粥狀硬化，也是衰老、眩暈頭痛的徵兆。
❷ 眼珠周圍出現灰白色環	老年人血液中膽固醇嚴重增高；腦動脈硬化、心臟病。
❸ 黑睛色淡	肝氣虛弱

紅色

❶ 黑睛發紅	主熱

黑色

❶ 黑色帶有黃濁之色	體內有濕熱。

表2-8
眼睛色診：瞳孔

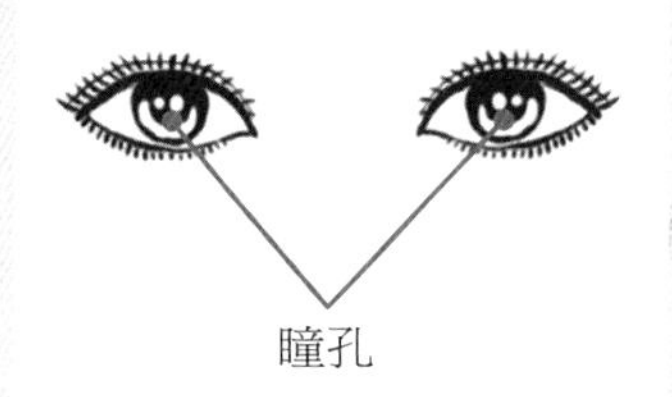

腎臟

白色

❶	呈現白色	白內障

黃色

❶	呈現黃色	眼內出血積膿

❶	呈現青綠色	伴有按壓眼球時疼痛劇烈症狀，為青光眼。

表2-9
鼻子色診

白色 **主肺病、虛證**

❶	白（沒有血色、氣血不足）	脾肺氣虛
❷	蒼白	脾肺虛寒

表2-9
鼻子色診

黃色 主脾胃運化正常

❶ 不明亮或淡黃	主脾虛
❷ 鼻頭色黃而污濁、偏紅	內有濕熱，偏白則有可能胸中有寒。
❸ 鼻目黃黑而發暗	瘀血
❹ 鼻色黃而晦暗枯槁	病情危重，預後凶險。

紅色 脾肺熱

❶ 女性鼻色紅赤	月經過多、崩漏。
❷ 鼻樑暗紅，兩側有黃褐斑。	月經不調或閉經。
❸ 孕婦鼻紅赤	生產中容易出現問題。
❹ 鼻尖發紅	常喝酒或吃辛辣刺激性食物。

青色 青紫 疼痛徵兆，往往有腹部劇痛。

❶ 鼻尖紫藍色	心臟病
❷ 鼻色青黑	腎虛
❸ 年壽（鼻樑）發青	患多種疾病的先兆。
❹ 鼻頭發青	常伴有腹痛、四肢發冷，病情通常較嚴重。

黑色 身體有水氣內停

❶ 鼻樑色黑且冷	虛寒證
❷ 鼻翼黑	胃病徵兆
❸ 鼻色黑黃而亮	瘀血
❹ 黑而枯燥	房勞

表❷-❿

嘴巴色診

淡白 主虛證

❶ 唇色淡白	主血虛、脫血、氣虛、奪氣。如失血、大病虧損、氣血虛弱、脾腎虛寒、突受驚嚇等。
❷ 肝硬化晚期，唇色蒼白無華、口唇枯萎。	肝脾兩臟正氣將絕，危在旦夕。
❸ 女性唇色淡白	很可能子宮有病，多為不孕症或易流產。
❹ 孕婦唇色淡白	血液不足，有難產的可能。
❺ 產婦口角發白且乾燥	即將生病。

紅赤 主熱

❶ 唇色淡紅，唇色淺淡而隱隱呈現紅色。	虛證、寒證，多屬血虛或氣血兩虛。
❷ 唇色淡，乾枯晦暗、毫無血色。	常見於氣血極度虧損的病人。
❸ 唇色鮮紅	主熱盛，如實熱、虛熱、濕熱等。櫻桃紅唇可見於一氧化碳中毒。
❹ 唇色深紅	多主熱證、實證。
❺ 唇色紫紅	血有瘀熱

表2-10
嘴巴色診

紫黑　青紫色主瘀滯；紫黑主瘀血

❶ 唇色青紫	主瘀滯。唇色淡青多主氣血虛弱，又為寒邪所傷；唇色青紫多主血瘀，常見於心肺功能不全、呼吸困難、血液缺氧、等疾病。又可見於胃寒、天氣寒冷或受寒時。
❷ 下唇內膜出現黑紅色斑塊	可能罹患消化道癌症或息肉。
❸ 唇色發黑	瘀血攻心，如產婦血暈，以及劇烈的心絞痛。
❹ 口唇發青	若伴有四肢汗出淋漓不絕，常見於腦膜炎、破傷風，以及小兒驚厥。
❺ 口唇紫藍色	貧血及心臟病。
❻ 口唇青黑色	寒極、痛極、死血的徵象。

主脾胃積熱

❶ 口唇乾裂	人體內在的脾胃積熱。

主消化系統病變

❶ 下唇及黏膜處出現深色且大小不同的斑點	可能是消化系統的病變，例如慢性肥厚性胃炎。

表❷-⓫

嘴巴色診：舌色

淡白

❶ 比正常的淡紅舌顏色淺淡，嚴重的甚至全無血色。	血虛、氣虛、氣血兩虛；虛寒導致舌體的血液減少，或生化血液的功能減退；推動血液運行的功能減弱。

淡紅

❶ 白裡透紅、紅裡透白、不深不淺、淡濃適中	正常舌色；疾病剛開始或將痊癒，或很輕的病證。

紅色

❶ 舌色絳紫且乾枯，缺少津液。	全身血液運行不順暢、血液瘀滯。

青色

❶ 舌色像皮膚暴露的青筋，完全沒有紅色。	主因寒致瘀。由於寒邪過盛，氣鬱沒有宣洩、血液瘀滯。

嘴巴色診：舌苔

白色

❶ 薄白色的舌苔、乾濕適中	多屬於正常的舌苔。
❷ 舌苔白而濕濁、舌色淡白	常見於痰飲水濕證、飲食積滯證。
❸ 白苔非常乾燥，像白色的沙石。	較嚴重且發展迅速的熱證。

表❷-⓫

嘴巴色診：**舌苔**

黃色

❶ 黃色而乾燥	主熱證。淡紅主熱輕、深黃主熱重、焦黃主熱結。
❷ 舌苔由白轉黃	表示表邪入裡化熱。
❸ 舌苔薄而淡黃	外感風熱表證或風寒化熱。
❹ 舌淡胖嫩、苔黃滑潤	虛寒水濕不化，不能誤認為是熱證，用寒涼藥會加重病情。

灰色

❶ 淺灰色舌苔，有時會與黃苔同時出現，又分為「乾燥」與「濕潤」兩種。	如果是乾燥型，多數是因為體內熱氣旺盛，進一步損傷體內津液所致，常常在「外感熱病」患者的身上看到；至於濕潤型，多半是「痰飲內停」或「寒濕內阻」所造成。

黑色

❶ 黑色舌苔，分為「乾燥」與「濕潤」兩種。	一般來說，濕潤主寒證、乾燥主熱證。但不論是哪一種，中醫都認為是「病情嚴重」的代表。舌頭越黑，病情就越重。

資料來源：彙整自《看病》p.30-43、213、224

中醫的相氣十法

既然古代經驗豐富的中醫師，會從「五色」來「診病」，當然也會根據顏色的十種狀態，進一步判斷病患疾病的深淺、表裡、虛實、濕燥，甚至是「即將痊癒」或「病情危急」（請見表 2-12）。所以在分析臉色變化時，通常都是「望色離不開相氣，相氣也離不開望色」（氣與色的區別請見表 2-13）。以上用白話來說，就是氣與色的變化必須「同時存在、不能分離」。

表2-12

古代中醫師的相氣十法

	狀態	徵象
浮	病色浮顯在肌膚之間	表證
沉	病色沉隱在肌膚之內	裡證
清	病色舒展明快，如雲開霧散、清爽晴朗的天空。	無病或輕病、燥證。
濁滯	病色昏慘晦暗；滯是在暗濁的基礎上，深淺不均勻、濃淡相間。	濁：濕證。 滯：氣滯、血瘀、頑痰、結石等有形實邪的徵象。
微	顏色淺淡	所有虛證
甚	顏色深濃	邪氣強盛，一般來說都是實證。
散	病色均勻分散於滿臉	病情近期將解。
搏	病色顯現在某個或某些局部地區，成團成塊。	主病久逐漸積聚。
澤	滋潤、光澤	表示體內的精血津液充足。
夭	乾枯、枯槁	主死

表2-13

氣與色的比較

	氣	色
定義	顏色的明度、層次、飽和度、含蓄潤澤程度、顯現層次與範圍	顏色的色調
表現	五色的光華	白、黃、赤、青、黑五種顏色

表 2-12、2-13 資料來源：彙整自《看病》p.294-298

然而，在實際觀察臉色變化時，中醫師通常會依先後順序，先講「察色」，再進一步講「相氣」。其中，氣比色更重要，會根據「氣色並至」、「有氣無色」與「有色無氣」的不同，來斷定一個人是否健康，或是已經病入膏肓。

氣與色的判斷

氣色並至

人的氣和色都正常，臉色之內隱隱發光，從紋路中映出明亮潤澤的徵象，就像玉一樣，但不浮光油亮，表示人體健康無病，形神皆備、精氣平衡。

有氣無色

人的氣正常，色不正常。表現是臉色淺淡，但是皮膚內有光澤，意味著即使疾病嚴重，也不至於有什麼凶險。

有色無氣

人的臉色正常，氣不正常。表現是皮膚有白、黃、赤、青、黑的病色，沒有光澤，表示即使沒有嚴重疾病的症狀表現，也有性命之憂。

資料來源：《看病》p.296

臉部各部位與健康的關係

美眉們在看過大局的「氣」與「色」之後，接下來可以從臉部的「中軸線」，也就是印堂、眉眼、鼻頭、人中及口唇，這條由上至下、在人體最為重要的直線上，依序進行觀察。

通常古代中醫師會將臉部的「三停」，分別對應人體的上焦、中焦與下焦。其中，胸腔、頭和上肢屬於「上焦」；腹腔是「中焦」；盆腔和下肢則是「下焦」。多數中醫師也是透過三停的氣色與形態，進一步推測出一個人「三焦」對應的部位是否健康。

上停發達的美眉，臉部特徵是：頭蓋骨大、前額寬長、臉部向下逐漸變小，下巴尖細，牙齒也不發達。整體來看，額頭格外突出，呈現「上大下小」的「甲」字形。由於「上停」所對應的人體器官是「腦」，所以上停發達的人屬於「腦型」，可能會有精神疾病方面的遺傳，容易有頭痛、神經衰弱等疾病。

中停發達的美眉，臉部特徵是：上下兩頭小，中間長寬、顴骨突出、下巴尖，臉型呈菱形或所謂的「申」字形，又屬於「呼吸型」。統計上認為這種「呼吸型」的人，比較容易患有咽喉炎、支氣管炎、肺炎等呼吸系統疾病。

下停發達的美眉，臉部特徵是：下巴呈鈍角或方形，肌肉特別柔軟膨脹、嘴大唇厚，臉型上小下大呈梯形或「由」字形，屬於「消化型」。從「醫學面」的角度來看，這種「消化型」的人，比較容易罹患腹脹、腹瀉、膽囊炎等消化系統疾病。

至於那些三停都不平均，臉部也呈不規則形狀的人，面相學都是歸類在「肌肉型」。根據面相學的說法是：這類人恐怕比較容易罹患肌肉、關節疼痛，以及關節炎等運動系統方面的疾病。

表2-14
「三停」與人體間的關係

上停

相應器官

腦、心、肺等器官；呼吸及循環系統。

該部位表現不佳時

恐怕容易罹患腦、心、肺方面的疾病；又如太陽穴凹陷的人，比較容易有神經質的傾向，情緒常會起起伏伏，也會引發偏頭痛的症狀。

中停

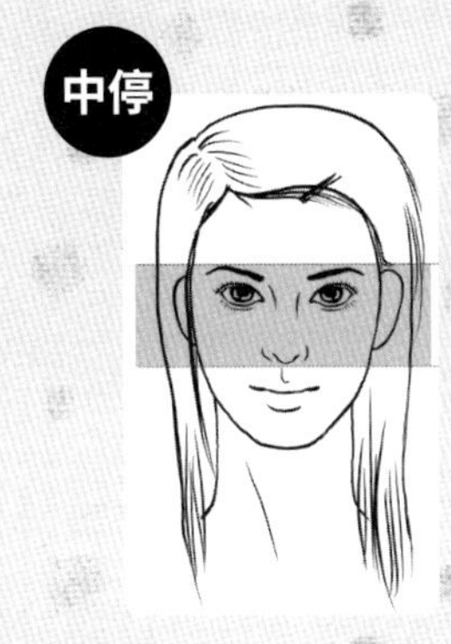

相應器官

脾、胃等器官；消化系統。

該部位表現不佳時

脾胃功能欠佳，可能容易罹患消化方面的疾病。

下停

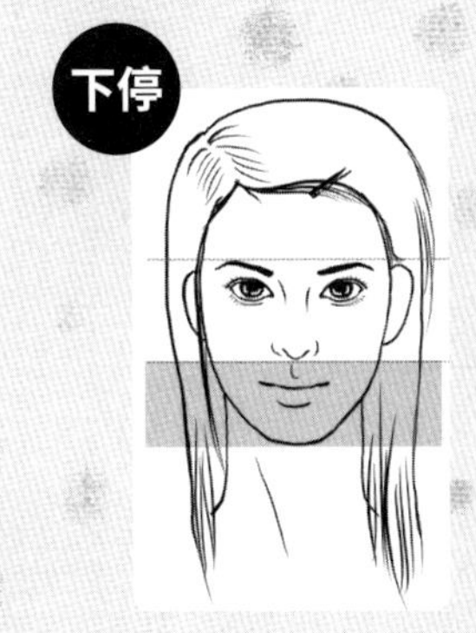

相應器官

肝、腎、小腸、大腸及膀胱等器官。下半身的腰、腿、膝蓋、排泄及生殖系統。

該部位表現不佳時

容易在免疫功能、消化、泌尿、內分泌及生殖系統等方面發生疾病。例如下巴短小、尖削的人，不但先天骨盆結構不良，下半身的血液循環也可能不好；假設下巴顏色灰暗，表示免疫功能不佳，尿道、膀胱、子宮等器官也容易受到感染，晚年可能需特別注意泌尿道系統或膝關節等病症。

資料來源：彙整自《看相養病》p.38-43、《雨揚開運手面相》p.100-102

美眉們在觀察氣色與三停之後，接下來，可以進一步借用臉部的「五官」與「十二宮」的位置，更細部地找出疾病或健康狀態的微細徵兆。因為古代中醫與面相師都認為臉上的「十二宮」，各自對應著不同的人體器官。

舉例來說，鼻子長得飽滿豐隆，代表這個人的「脾」、「肺」強健。再以嘴唇為例，健康的唇紋是細密清晰的縱紋，但如果有橫斷式或斜亂紋，表示這個人的「脾陽之氣」受挫，也許常常會有消化不良等症狀。

之後，則是看五官的周圍，像是眉毛長得寬、位置比較高的人，「肝」、「腎」的功能就好。至於人中，對應的是「小腸」以及體內相關的諸多管道，如果這一條「水溝」長得又深又長，就代表這個人的「氣血生化」良好。

1 從五官看出健康狀況

001 眼睛

眼睛是一個人思維與運作系統的交匯點。「思維系統」是指腦組織，「運作系統」則是指五臟六腑。

❶ **整體：**是整體健康狀況的縮影。
❷ **眼神：**看精神好壞與否。
❸ **瞳孔：**對應腎，看荷爾蒙跟腎精足不足。
❹ **黑眼珠：**對應肝，看肝膽。
❺ **眼白：**對應肺（內側）及大腸（外側），是身體防衛系統。
❻ **內外眼角：**血液循環。
❼ **眼皮跳：**結膜炎等。
❽ **熊貓眼：**慢性腎炎。

002 鼻子

司嗅覺，是呼吸的入口處，對應人體脾胃和腸道等消化系統。

❶ **整體：**從中醫觀點來看，鼻為肺之竅，是人體的呼吸器官。根據中醫「鼻肺互為表裡」的理論，一旦肺部得病，鼻子也將會受累。所以，從鼻部的症狀及外觀，也可探知肺部的病變與身體健康的變化。

❷ **山根：**又稱「疾厄宮」，對應小腸、脾、肺（主要是肝、脾）。

❸ **年壽（鼻樑）：**肝膽或腸胃。

❹ **準頭（鼻尖）：**鼻頭代表生殖能力與生命力，中醫認為主要對應脾臟、大腸及「脾陽」（消化食物的功能，主要是脾、小腸）。其中，鼻頭圓者體力佳；鼻頭尖者，會因神經質、精力不足而容易疲勞，屬於無持續力的體質；假設圓而豐滿者，充滿精力、富體力；小鼻肉薄的人，因生殖器官、呼吸器官弱，所以沒有過人的精力，也缺少持續力。

❺ **鼻翼：**對應「肺」（主要是肺與大腸）、呼吸系統。

❻ **鼻孔：**一般鼻孔大者，肺活量大，精力自然也充沛。

003

嘴巴

嘴巴是維持生命的消化器官入口處，而舌頭則司掌味覺。嘴巴的大小、彈性，都代表了健康程度、行動力與生命力。

❶ **整體：**所謂「病從口入」，疾病也容易從口侵入身體，進而危害健康。中醫理論認為口唇為「脾之官」，主司飲食，也是消化器官的起點。因此，觀察嘴唇的色澤及燥潤等變化，便可大致分辨當事人的健康情形。

❷ **嘴唇：**唇色反映出個人的健康狀況。假設唇色紅潤，表示此人身體健康、貴人運佳，一生都有好的口福可享；但如果唇色赤紅，則表示肝火旺；暗紅色則表示脾臟可能有問題；唇色蒼白代表此人氣血不足，恐有貧血情形，更會影響女性的生育能力。如果唇色突然出現黑色或紫黑色，表示此人健康出了狀況，最好盡快就醫查明清楚，以免影響健康、家庭與事業運。

❸ **牙齒：**中醫認為，牙齒的大小，代表一個人的健康好壞。正由於牙齒是健康的代表，不得已拔掉牙齒之後，體力會急速降低。因此，不要隨便拔牙。此外，牙齒排列不整齊的人，因為口腔咬合不正，從醫學觀點來看，就會影響到食物與營養的消化及吸收。所以，進行牙齒的矯正，不但可以改善不好的面相，從健康角度來說，也是值得鼓勵的。

❹ **舌頭：**古代中醫的舌診標準認為，健康的舌頭要長得方大長厚、活動靈活，且色澤粉紅濕潤。如果不符合以上條件，就代表人體健康出現警訊。
如果舌頭發白，代表「脾濕」；舌頭發麻，則可能有心、腦血管疾病；假設舌頭僵硬，可能要小心有腦中風的發生。

004

耳朵

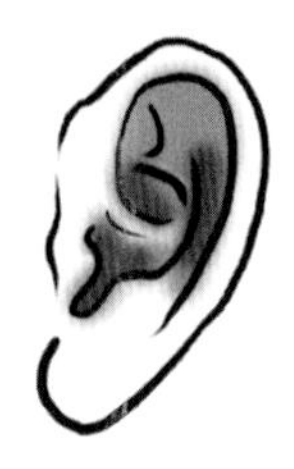

了解體力與壽命，看出一個人的壽命與健康（腎臟的強弱）。

❶ **整體：**耳相不僅反映基本運途及潛在性格，與健康的關係也互為表裡。依照中醫觀點，五臟六腑都與耳朵相通，舉凡耳朵的大小、聽覺的靈敏遲鈍等，都能體現出身體內在小宇宙的動態，因此觀察耳相也可測知體質強弱與壽夭關係。另外，中醫認為耳主腎，腎在中醫學代表循環系統，如果耳朵長得好，代表體內氣血循環就好。如果耳朵太薄或太小，代表福分不夠、體質較為虛弱。

❷ **耳垂：**主生殖（男子睪丸、女子卵巢）及智慧（頭腦）；但耳垂過長（超過整個耳朵比例的四分之一）表示腎臟虛弱。

❸ **耳垂斜線：**心血管疾病。

❹ **耳廓：**耳廓清楚的人，較有健康的身體。

資料來源：彙整自《看相養病》p.212-213、《人體臉書》p.32-115、《如何一眼看穿人》p.40-133、《察顏觀色》p.8-56、69-98、《雨揚開運手面相》p.112-134、《五彩五官開運彩妝》p.60-97

表2-15

從臉部十二宮看出健康狀況

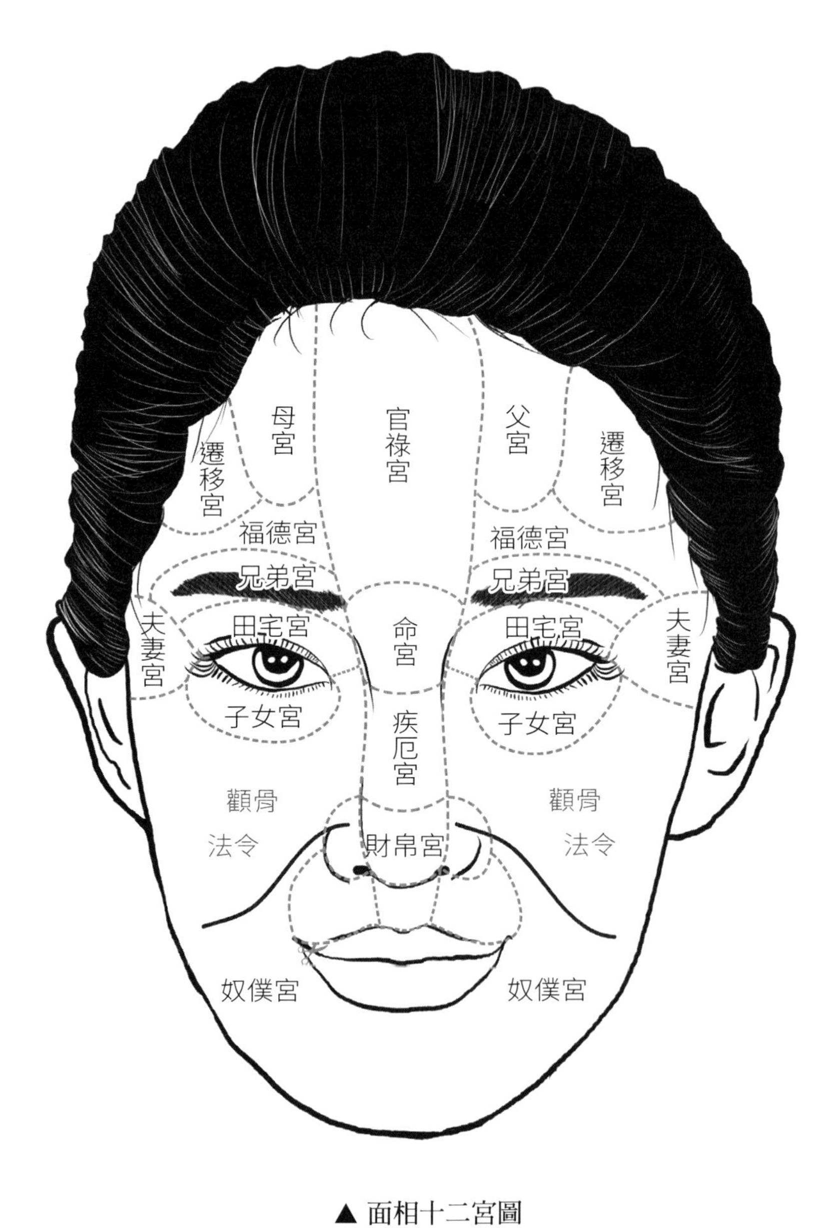

▲ 面相十二宮圖

表2-15
從臉部十二宮看出健康狀況

	位置	相應器官
官祿宮	前額上方	腦、心、肺功能。
命　宮	兩眉之間（印堂）	心肺呼吸功能及體力。
夫妻宮	眉尾靠近髮際	胸部
兄弟宮	眉毛	肝腎的氣血與生化、心臟的強弱與壽命的長短。
疾厄宮	山根	心臟、呼吸、循環或免疫系統。
田宅宮	上眼皮	上眼泡（眼皮）對應人體內的上焦及肺、胃。
子女宮	眼睛下方	下眼泡（眼袋，又稱「臥蠶」）對應人體內的下焦（膀胱與小腸，或脾臟與腎臟）。
財帛宮	鼻樑（年壽）	肝臟或消化（腸胃）系統及脊椎。
	鼻頭	代表脾臟或呼吸系統。
	鼻樑兩側	右側為膽；左側為胰臟。
	鼻翼	胃
其　他	顴骨	左肝右肺
	鼻子與口唇之間（人中）	男性的腎精與生殖能力；女性的子宮與膀胱健康。中醫認為這個部位是「性器官」健康的縮影，不但能體現腎氣盛衰，還能顯示生殖功能強弱。
	法令紋	判斷壽命之處

★註：不同中醫對於臉部各部位所代表的臟器或疾病，有不同看法。

資料來源：彙整自《看病》p.74-161、《雨揚開運手面相》p.103-107、《看相養病》p.212-213、《人體臉書》p.32-115、《如何一眼看穿人》p.40-133）、《察顏觀色》p.69-98

2 改善五官面相的小祕訣

001 消除黑眼圈

對每一位愛漂亮的美眉來說，黑眼圈真是個令人困擾的問題。事實上，黑眼圈的產生與眼皮本身的色素多少、光線投射方向等因素，都有一定的關係。特別是當美眉們眼睛過勞，又加上睡眠不足時，由於自主性神經失調，以及血液循環不良，就會引起眼瞼皮膚的靜脈血流瘀塞。而且，因為靜脈血液的顏色看起來比較暗，所以呈現在皮膚上就是黑眼圈。除此之外，如果美眉經常使用化妝品，也可能會導致黑色素微粒滲透至眼皮內，久而久之就會形成黑眼圈。

一般來說，很輕微的黑眼圈不太需要到醫院進行治療，網路上有一個最簡單的方法是「馬鈴薯敷眼法」，值得美眉們參考。方法是選擇個體比較大且沒有發芽的馬鈴薯，刮去馬鈴薯皮後清洗乾淨，切成約 2 公釐的薄片。接著，躺下來，閉上眼睛，將馬鈴薯片敷在眼睛上。大約 15 分鐘後，拿下馬鈴薯片，再用清水洗淨皮膚。持續使用一段時間後，黑眼圈就自然會消失。

002 消除眼瞼水腫

從醫學及健康的角度來看，如果美眉們早上起床後，頭臉部，特別是眼瞼的水腫很明顯，小心有可能是腎臟病變的表現。醫學上認為，這種「非炎症性眼瞼水腫」，一般是由局部和全身疾病所引起的，像是過敏性疾病、急性慢性腎炎、女性月經期間、心臟病、甲狀腺功能低下、貧血等。但有時，臉部其他部位的過敏性皮膚發疹，也會波及眼瞼並造成水腫。

通常，只要美眉們保持良好的生活習慣、促進眼部的淋巴循環，就能夠有效減輕眼部水腫。另外，可以試著將泡過的茶包趁溫熱時，敷在眼部 15 分鐘，之後塗上一層眼霜，從眼角往眼尾方向輕輕按摩，也能夠消除眼部水腫；或者將經過冷藏的鹽水取出，用化妝棉充分沾取之後敷在雙眼上，也有助於減輕眼部的水腫。

003 刺激耳朵穴道

若想要從體內解決黑眼圈或浮腫的問題，也可以嘗試每天睡前及早上起床時，用拇指及食指的指腹以「壓」、「揉」、「拉」的順序，來按摩並刺激整個耳朵。如此一來，也有助於疏通經絡、調理氣血循環，提升五臟六腑的機能、免疫力與體質。

004 美眉穴道

如果美眉想要讓眉毛濃密有光澤，可以在每天早中晚抽出 10 分鐘的時間，將雙手食指指腹，置於兩眉中間的印堂穴上，然後向兩側眉頭推去，反覆進行十多次；或用雙手食指或中指腹，分別在印堂、攢竹、魚腰、絲竹空和太陽等穴，做輕柔和緩的揉動，並反覆十餘次。

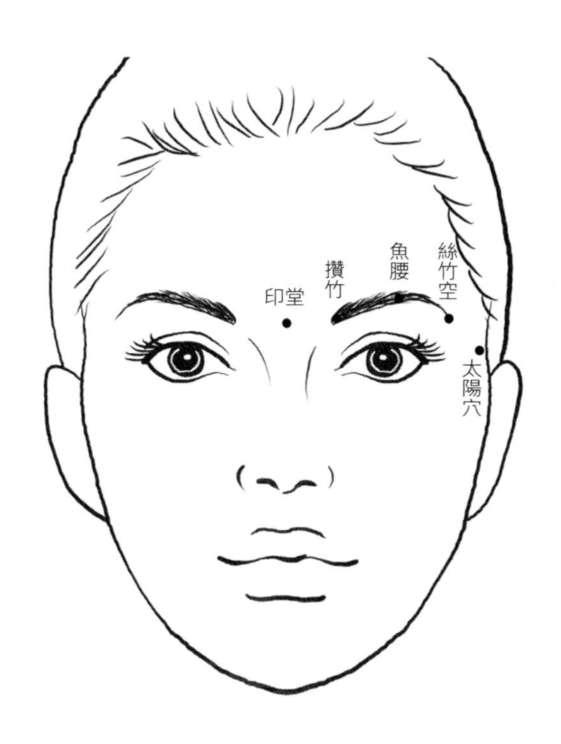

除了眼部周圍外，在雙手上也有相關穴道。例如用大拇指和食指，揉按雙手小指上方第一關節兩側的「腎穴」，每天揉 2 次，每次 10 分鐘左右，也可以達到「促進眉毛生長」的功效。

前面曾經提到，在中醫「望診」的學問裡，除了由五色對應的五臟疾病，以及由氣與色互相搭配的觀察外，甚至發展出「根據人的臉部形狀與膚色的搭配」，就可以預測一個人可能發生疾病的「五行人面診法」。

美眉們在了解自己的「五行」屬性，以及可能的健康警訊後，也可以從預防的角度出發，善用以下所提供的養生要訣，再配合飲食調理與運動健身的方法，讓自己從裡到外都健康、美麗。

001 木形人的養生重點

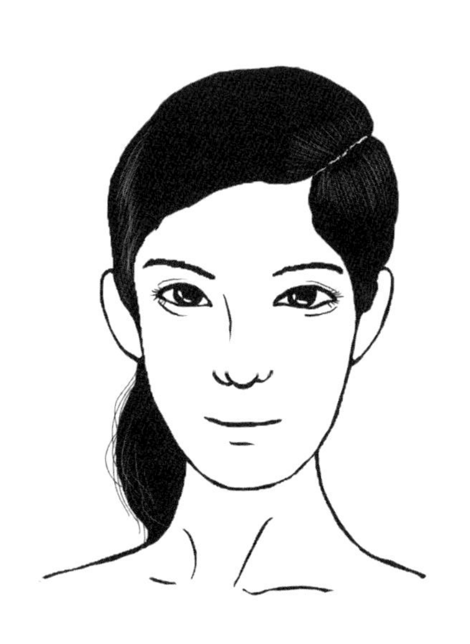

膚色

青色

可能健康警訊

精神不佳、食慾不振、易勞難眠、眼乾痠澀、皮膚長斑、四肢痠痛，女性朋友會有經期不調等病徵。

木形人能夠耐受春夏，卻無法耐受秋冬。因此，秋冬時節易受到氣溫的變化而生病。木形人通常工作勤奮，個性謙和而不與人爭，經常會壓抑自己，導致心理壓力較重。長久下來容易肝氣不順，使得消化不良、胃痛、腹瀉、便秘等情形接踵而來。此外，木形人也要留意筋骨、四肢、肝、膽、神經系統等疾病；女性朋友則容易有月經不順等問題。

養生要訣

養生貴在「理陰助陽」，調理心、肝二臟，平時應保持樂觀開朗的心情，切忌心情抑鬱，且要多從事戶外活動。

飲食調理

適合食用健脾養肝、補益肝腎的食物，使脾胃健運、肝氣順達，以防「肝旺剋脾」。可多吃薑、蔥、竹筍、淮山、馬鈴薯、豬肉、魚肉、蛋等，並可適量飲用花茶，如桂花茶或玫瑰花茶，可疏理肝氣，使心情舒暢。

多吃帶苦味、甜味及辛甘味的食品，顏色以白和黃為主，例如蔥、薑、韮黃、苦瓜、白花椰菜、小白菜、白蘿蔔、甜椒；至於寒涼、油膩、黏滯的食物，則應該盡量少吃。

運動健身

木形人可多做太極拳、八段錦、瑜伽等以練氣為主的運動，將有助於身體的陰陽平衡。此外，木形人適合多做筋骨伸展的運動，特別是輕柔轉動頸部、頭部、四肢及腰部的運動。

接近大自然或進行戶外運動，也是增進木形人健康能量的好方法，例如爬山、森林浴等享受日月精華及芬多精滋潤的活動，都有益身心健康。秋冬兩季則適合練習吐納，學習腹式呼吸法或練瑜伽，來舒暢活絡筋骨與氣血，以改善淋巴循環並幫助新陳代謝。

002 火形人的養生重點

膚色

紅色

可能健康警訊

心煩失眠、口乾舌燥、常起痘瘡、牙齦腫脹流血、血壓升高、心悸噁心等症候。

火形人能夠耐春夏的溫熱，但不耐秋冬的寒冷，且因為個性急躁、衝動，往往容易罹患高血壓、中風、心臟病、心肌梗塞等心血管疾病。此外，由於中醫認為心與小腸有互為表裡的關係，所以，火形人也要留意小腸方面問題。

養生要訣

養生關鍵在於「滋陰抑陽，調養心腎」，要「以水濟火」。平時應養成冷靜、沉著、心平氣和的習慣，加強培養自身的情緒智商（EQ）、少與人爭，同時也要多培養自信心。

飲食調理

以「少量多餐」為原則，且食物應以清淡陰柔為宜。顏色以深色或黑色為要，例如海參、烏骨雞、髮菜、海帶、紫菜、黑豆、紫米、黑芝麻、香菇、黑木耳等；蔬菜水果固然不可少，但要選擇性質較溫和的種類，像是葡萄、黑桑椹、茄子、黑棗等

飲食方面可適量攝取滋陰降火的食物，例如絲瓜、苦瓜、蓮藕、水梨、黃瓜、哈蜜瓜等，要避免刺激、辛辣及油膩的食物，以免加重火形人的燥性。

運動健身

如果是體力強健，也就是健康寶寶型的火形人，最適合爆發力強的有氧舞蹈，能夠讓每一天都神采奕奕、活力充沛；但如果體力稍弱時，就不適合從事過於激烈的運動，建議多做柔和或靜態性質的活動，例如太極拳、八段錦、瑜伽等運動，或是選擇較為和緩的韻律舞，藉由能慢能快的旋律，有助於開發身體的韻律感和柔軟性；或是到公園裡慢跑，充分享受身體與大自然合而為一的美妙樂趣，同時，也能穩定較易急躁的個性。

003 土形人的養生重點

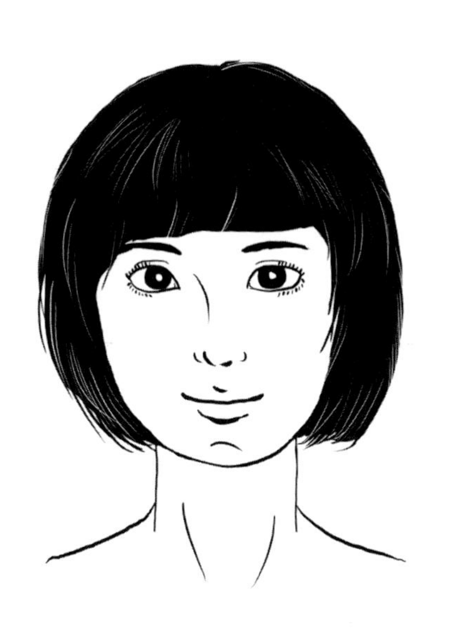

膚色

黃色

可能健康警訊

胸悶胃脹、消化不良、營養失調、過度肥胖、暴飲暴食、尿酸過高等病徵。

土形人大多能夠耐受秋冬，但容易在春夏時節生病，特別是濕氣重的地方，要特別小心濕邪入侵所造成的胃腸道問題，同時要避免痰濕阻滯經絡，而使得身體浮胖、四肢沉重痠痛，容易出現關節炎和類風濕性關節炎。此外，土形人體質偏脾胃積滯型，容易罹患脾胃運化方面的疾病，如消化不良、腹脹、腹瀉等病症。

養生要訣

土形人沒有明顯缺陷，是勝於其他類型人的一大優勢；然而，可不能因此輕忽身體保養，因為土形人的健康弱點就是腸胃脾氣易損，平時應注意節制飲食，多做運動，以改善胃腸蠕動及消化能力。

飲食調理

三餐不宜過飽，也要少吃「肥甘厚味」(也就是重鹹、重油、過甜)或「辛辣刺激」的食物，盡量避免加工或再製食品，以自然方式取得的食物最好，顏色以黃色為主，例如花生、地瓜、玉米、洋蔥，或是健脾利濕的食物，例如赤小豆、薏仁、冬瓜、白蘿蔔等。

應多吃健脾消積的藥食，像是山楂、淮山、砂仁、麥芽、芡實、白豆蔻等，至於屬性寒涼、油膩、黏滯等易妨礙脾胃運化的食物，應該盡量少碰。

運動健身

土形人適合拳擊有氧運動或太極拳，藉此發洩胸中積壓已久的抑鬱悶氣，並且可增強心肺功能。假設美眉的體質較為虛弱，也可以從溫水慢速游泳著手，不僅運動強身，水中的浮力和磨擦力對皮膚來說，也是一種很好的按摩。此外，健行運動也是不錯的選擇，可加強腰膝力量預防老化。但要提醒的是：運動貴在有恆，因為土形人生性略為懶散，必須經常督促自己進行定時與定量的運動(例如慢跑，主要是達到心跳加速、體溫上升、出汗的效果最重要)，且這樣的運動，對於釋放負面能量及增強自信也很有助益。

004 金形人的養生重點

膚色

白色

可能健康警訊

精神不濟、情緒低落、肩瘦背痛、皮膚病變、久咳不癒、三餐不定、排便不順等症狀。

容易在夏季生病，或是有肺部方面的疾病。這是因為金形人為人好勝、個性剛烈，隱然已有火氣內存。所以要特別小心：如果不好好控制，恐將一發不可收拾。此外，肺與大腸互為表裡，金形人除了要注意呼吸系統疾病，也要注意腸道方面的疾病。

養生要訣

養生以「調理肺腎」為要，平時應保持寧靜的心態、安養心神，避免過度悲傷、憂愁，以利肺氣暢通。此外，要規律飲食、定時運動並懂得紓解壓力，避免負面情緒累積，導致身體有慢性病變，或是患上精神疾病。

飲食調理

多吃植物性食品，顏色以綠色或白色為主，例如芹菜、菠菜、豆漿、牛奶、人參、雪梨、銀耳、豆腐、核桃等；葷食則可選擇雞肉、雞湯、雞蛋、魚湯等。

建議多吃具有健脾益肺、益腎養肝的藥食兩用食物，如百合、淮山、沙參、白果等。

運動健身

金形人不妨多從事室內羽毛球、健身房裡的肌力訓練，例如練啞鈴或胸肌訓練，能使呼吸順暢，改善胸悶、肺活量不足的情形，或是適合從事需要耐力及較長時間的運動，像是慢跑、羽毛球等，運動時以「微微出汗」為最佳原則。另外，也推薦在大自然溪流瀑布旁或室內練習瑜伽，一方面可增加自信、促進情緒的抒發，又能改善日常生活不良姿勢所造成的脊椎及腰背不適，讓自己擁有平衡樂活的身心。

005 水形人的養生重點

膚色

黑色

可能健康警訊

神情不安、四肢冰冷、腰膝痠軟、眼袋浮腫、黑眼圈、頻尿少眠、耳鳴掉髮，女性朋友可能會有經期失律等病症。

水形人對季節適應能力不佳，能耐秋冬，卻不耐春夏的溫熱，所以容易在春夏之際生病。有中醫師認為，水形人因為容易放縱情慾，而引起腎精不足的問題，要特別注意腎和膀胱等泌尿系統方面的疾病。且由於腎精的損耗，容易讓水形人心神不寧、心腎不交。由於「心」在五形裡屬火，其性屬「陽」；而「腎」在五形屬「水」，其性屬「陰」。所以，一旦生理功能失常，或出現水火、陰陽之間的動態平衡異常，就容易產生疾病，其中最常見的，就是睡眠障礙問題。

養生要訣

水形美眉的養生關鍵在於「溫陽益氣」，因此，首先要端正思慮、涵養精神，並且謹記「動則陽氣生」的道理，最好多參加團體活動、戶外運動，不僅能夠讓自己心曠神怡，更可以達到「生陽去陰」的效果。

飲食調理

由於水形美眉的體質可能偏「腎陽虛」，建議飲食方面應以「溫陽益氣」為養身重點。平時可食用四神湯、胡桃、白果、蓮子、冬蟲夏草、腰子等補腎食物，或是多吃紅色飲食，像是枸杞、紅棗、紅椒、紅茶、蘋果、番茄、紅葡萄酒、鮭魚、牛肉、羊肉等食物，幫助腎臟、膀胱的正常代謝，減少水腫的機率。

運動健身

水形人適宜進行游泳、潛水或其他安全的水上活動，可以藉由這些運動，幫助強化心肺功能，也能夠增加成就感和自信心。不過，對於身體較差或尚未養成運動習慣的人而言，推薦的運動是由淺入深、由內而外調理體質，增強體力的氣功，也可以改善腰背痠痛。另外，可選擇動靜結合的運動，如太極劍、瑜伽、慢跑或球類運動等。

資料來源：彙整自《雨揚開運手面相》p.92-99、《看相養病》p.28-35

十字面形人的健康法則

001 同字臉的健康法則

整體健康

福壽少災疾。

體質與疾病

同字臉的三停均勻、氣力充盛正氣內存、邪不可干，先天精力過人且身體結實精壯，骨架方正、肩膀寬闊、骨肉勻稱、筋骨強健、頭髮粗硬、眉毛粗濃，不容易有重大疾病。但由於個性較為固執，事事要求完美，雖然身體本身健康，卻容易因情緒問題而致病，特別是怒、喜、悲、恐、驚、思等情緒，都會使體內氣機產生變化，引起臟腑機能的質變或衰退而生病。

所以，同字臉人的身體疾病，不全是生理因素，可能心理因素的影響比較大。中醫師認為，同字臉的罹病傾向，大都是偏陽亢類疾病，像是肝膽病、冠心病、高血脂，以及情志疾病（在情緒壓力下，導致心臟與消化系統功能不佳，間接導致泛酸、腹脹和便秘等腸胃消化道問題）等。

飲食養生

雖然同字臉美眉不容易有大疾病，但一有疾則多為實證或熱證，所以同字臉人在使用補益藥時需要特別注意。因為大部分體質壯實、食慾佳、體力好的人，都會逐漸朝向陽亢和三高（高血壓、高血脂、高血糖）疾病發展，因此，平常飲食應偏重於清涼疏泄，盡量少用補養的藥物與食物。

穴道按摩

同字臉人要注重「肝」的健康，平日可多按摩能護肝的大敦穴及太衝穴。

運動

多做一些伸展或舒展全身的運動，包括游泳、瑜伽等。

生活禁忌

❶ 少吃辛辣、刺激性食物。
❷ 禁飲酒。
❸ 避免情緒起伏過大。

002 田字臉的健康法則

整體健康

性剛血熱疾。

體質與疾病

由於田字臉美眉個性剛強，遇到事情不會向外界訴苦，總是憋在心裡，屬於悶燒型的個性；且田字臉屬於壅滯體質，身材矮胖壯實，再加上頭與頸部都短，身體很容易化熱、化火、化瘀而造成三焦鬱熱，是中醫裡典型的卒中體質，也就是容易罹患腦溢血、高血壓、糖尿病等疾病。

如果是有田字臉的男性，比較常見心血管方面疾病，如腦溢血、腦中風、心肌梗塞和心絞痛等，或是下焦的問題，如攝護腺腫大、腎結石等；但如果是女性朋友，則多半容易出現下焦方面的疾病，例如子宮肌瘤等婦科疾病。

飲食養生

田字臉美眉因為體質和個性關係，疾病多半是猛爆、突發性的發作，有腦中風或心肌梗塞的危險，且田字臉人容易有心火、肝火、血熱和痰熱問題。因此，飲食方面以清淡為準則，少油、少鹽、少甜，不可隨意進補。同時要培養良好的生活習慣，才能降低上述疾病的發生率。

穴道按摩

為了要避免心血管、腦血管疾病的發生，平日可多按摩勞宮穴及百會穴。

運動

由於田字臉人有三高傾向，必須養成定期運動的習慣，以降低三高的發生率。適合的運動有游泳、跑步等。但如果有高血壓併左心室肥大的人，要避免過於激烈的運動。

生活禁忌

❶ 遵循「三少一高」原則，也就是少鹽、少油、少糖及高纖的飲食原則。
❷ 避免情緒過度起伏。
❸ 戒菸，這是因為吸菸被視為導致心肌梗塞的「頭號殺手」，為了防止猛爆性疾病的突發，戒菸絕對是上上策。

003

目字臉的健康法則

整體健康

瘦長腸胃病。

體質與疾病

由於臉型屬瘦長形，因此三焦方面的功能，都傾向不足狀態。首先，目字臉的中停狹窄，對應出脾胃氣弱，所以脾胃消化吸收的功能都不好。其次，由於上停與下停都狹長，上停對應上焦的心肺，則心肺功能較不足，容易有喘促等心肺氣虛的疾病；下停對應下焦的腎，屬腎氣不足型，容易有骨弱、腰膝痠軟、筋骨痠痛等症狀。因此，目字臉人易患的疾病特點，主要是消化道疾病、過敏性鼻炎與筋骨痠痛三種。

儘管目字臉美眉容易這裡痛、那裡痛，卻普遍具有長壽基因，要活超過80 歲絕對不是難事。

但面相師會認為，由於目字臉的刑剋（指六親關係不佳、緣分較薄；不一定是生離死別，而是親人有災病等）多，因此，不論男、女，如果有著一副「目字臉」，就算五官長得好，都有可能會影響健康及運勢。

飲食養生

由於目字臉人的主要特點是脾胃功能欠佳，因此無論生什麼病，如果沒有先解決腸胃問題，即使吃再多的藥，都無法徹底治癒。所以，這種人平常的養身必須先從「脾胃」切入，以「健脾益氣」為重點。

穴道按摩

由於首重脾胃保養，平日可多按足三里穴及中脘穴。

運動

對腸胃不佳的目字臉人，不建議從事過於激烈的運動，相反地，輕柔和緩的運動對腸胃系統比較有益，例如，柔軟操能夠舒緩筋骨、促進血液循環、放鬆腸胃道、減少腸胃不正常的收縮或痙攣，進而降低腸胃道疾病的發生率。另外，像太極拳和散步這類較和緩的運動，也能配合腸胃蠕動的節奏，減少腸胃負擔。

生活禁忌

❶ 少吃寒性食物。

❷ 少食辛辣刺激食物，例如油膩、油炸、辛辣、刺激性、不容易消化或發酵類食物（如蛋糕、麵包類食物）。

❸ 保持輕鬆愉快的心情。

004 甲字臉的健康法則

整體健康

腎虛心火炎。

體質與疾病

由於甲字臉的形狀呈現上寬下細，其所對應的健康問題是「上焦發達，下焦不足」，表現在生理上，則會呈現心火上亢、腎水不足的特質。且由於上停發達，可能會有思慮過度的傾向，往往會出現睡眠障礙、大腸激燥症、消化潰瘍、膀胱過動症等問題。

甲字臉美眉具有鼻直而長的特徵，表示先天狀況良好，但由於有思慮過度和情志問題，容易給自己壓力。一旦過度消耗腦力，會造成脾胃肝膽功能的負擔，而出現膽汁分泌異常、胃腸蠕動減弱等問題。所以，甲字臉通常給人骨細肉薄、身材削瘦、肌肉不結實、不飽滿的印象。

甲字臉人容易患的疾病，特別有四個方面：睡眠障礙、婦科疾病（例如月經週期不規律或月經量偏少，也易罹患多囊性卵巢症候群）、消化性潰瘍、過敏性鼻炎。中醫認為，「子（腎）虛則必盜母（肺）氣以自養」，且「肺金生腎水」，腎水虛則其呼吸道功能也會比較弱。

另外，甲字臉人思慮過多，有神經質傾向，免疫系統受心理因素影響而不穩定，久而久之免疫功能就會變低下。

飲食養生

常見腎陰虛陽盛而出現「心火過亢」的現象，治療時宜滋補腎陰及清心火。

穴道按摩

易有心火旺盛現象，進而導致睡眠障礙等問題，平日可以多按能改善失眠的神門穴與內關穴。

運動

思慮過度的甲字臉人，不適合做過於激烈的運動，較靜態的運動能夠降低及減緩甲字臉人思慮過多、胡思亂想的問題。靜態運動包括瑜伽、肌肉鬆弛法、腹式呼吸精神集中法，以及沉思冥想法等。

生活禁忌

❶ 減少咖啡、茶的攝取。

❷ 白天的睡眠時間勿過長。

❸ 保持穩定的情緒。

005 由字臉的健康法則

整體健康

額窄神耗弱。

體質與疾病

由於由字臉的美眉在額頭處狹窄，所以精神方面的疾病是屬於胡思亂想、神經質所導致的精神耗弱，並伴隨睡眠障礙、精神不振等精神官能問題。此外，上停對應上焦系統器官的不足，例如心肺功能偏弱、中氣不足、呼吸短促或精神萎弱的情形，或是出現心律不整。面相師與中醫師認為，如果是「懸針紋」（在兩眉之間，出現像一根豎直針的紋路）深的人，比較容易帶有心臟器質性病變，更嚴重者為山根（兩眼之間）也出現橫紋，通常是罹患冠心病和冠狀動脈狹窄的高危險群。還有，額頭狹窄所代表的「上焦心肺功能不足」，造就了喜靜不喜動的個性，所以體質呈現上焦陽虛，而下焦易有濕濁和瘀血等阻滯堆積的狀況。

如果有垂頤（兩頰肉鬆弛下垂）或垂頷（喉嚨或頸部鬆弛下垂）的現象，代表下焦痰濕瘀滯嚴重，多半會有膝蓋腫脹變形、退化性關節炎等病症。

飲食養生

由於由字臉人容易有愛鑽牛角尖與精神耗弱的傾向，因此會伴隨睡眠障礙、精神不振等問題，表現出悲觀與消極的心態。建議平常養身之道，應該以「滋補心神」為主。

穴道按摩

由於易出現精神方面的疾病或心律不整的問題，平日宜多多按摩湧泉穴及陽谿穴。

運動

由字臉人容易受精神官能的影響，情緒常處於低潮狀態，平日最好養成運動習慣，可活化腦內啡、放鬆身心、提升活力、改善憂鬱症及躁鬱症。適合的運動有靜坐、瑜伽、腹式呼吸法、冥想式放鬆法等，可藉由運動來轉移注意力，達到身心靈平衡的境界。

生活禁忌

❶ 減少生活壓力。

❷ 注意飲食。

006 申字臉的健康法則

整體健康

陰陽兩虛型。

體質與疾病

中醫師認為，申字臉美眉的上停不足（額頭狹窄），代表心火不強、心肺功能虛弱；至於下停尖削，則代表腎虛、腎水不足及內分泌功能低下，很容易成為「體力容易透支與衰弱狀態」的陰陽兩虛型體質。

由於中停寬廣，肝木旺盛會剋脾土，腎水不足又無法助養脾胃，使得精神情緒長期處於不穩定的狀態，交感與副交感神經失調，以及有腸胃功能的問題，像是功能性腹瀉。另外，焦慮緊張、神經失調也會影響內分泌功能，再加上先天腎虛，容易有泌尿、生殖系統疾病的問題，像是不孕症、月經量少等。整體來說，是「陰陽兩虛、陰症居多」的體質。

因為下停內縮、咀嚼肌單薄無力而不豐厚、營養吸收功能較差，使得氣血生化的能力亦顯不足，代表脾胃較弱，脾土不強，易受肝木所剋，再加上腎虛（下停尖削）無法助養脾胃，因此常出現腹瀉、大腸激躁症等胃功能紊亂病症，並出現情緒、壓力與過敏相關症狀，還可能進一步影響睡眠。

飲食養生

申字臉人對於藥物的耐受性差，過與不及都不適當，因此中醫師在治療申字臉人或提供養生建議時，多半採取「中庸」，用調和陰陽的方式來治療，並從體質改善做起，症狀才能得以改善。

穴道按摩

由於申字臉人心腎不足，容易出現情志、腸胃及婦科疾病，可多按摩三陰交穴與天樞穴。

運動

因為有情志疾病的困擾，腸胃也不佳，不適合做太激烈的運動，但仍要養成和緩運動的習慣。這是因為運動能改善免疫能力，並能使心情開朗。適合的運動有可促進體能的瑜伽，或是散步、太極拳等溫和的有氧運動，也是不錯的選擇。

生活禁忌

❶ 避免壓力過重及言語刺激。

❷ 補充養心安神的食物，如菊花、銀耳、百合、蓮子、金針菜、火龍果、西瓜、番茄等，有助於化解煩躁的心情。此外，色胺酸是製造大腦神經傳遞的重要物質，多吃蛋、小米、地瓜、芝麻、牛奶、黃豆、香蕉與菠菜等，有助於改善憂鬱的傾向。

❸ 忌吃燥熱辛辣的食物，才不會動輒上火。

007 圓字臉的健康法則

整體健康

多濕氣血滯。

體質與疾病

圓字臉美眉多半有圓臉、體胖的現象，代表體內的水分與體脂肪含量比一般人多，是五行中水形人的特質。且中醫師認為，如果水形人上眼泡浮腫，表示腳部多有水氣、浮腫；下眼泡浮腫，則表示腎與性機能衰退；如果上、下眼泡都腫脹，就屬於「脾腎寒濕」的體質。

中醫師認為，圓字臉人因為肉多骨少、陰盛陽衰，容易有水分與血液代謝異常的疾病，像是腎臟疾病、糖尿病、脂肪肝、濕疹、多囊性卵巢症候群等。其中，由於上焦心氣不足，容易出現喘促胸悶的現象；中焦因為多脾胃氣虛、痰濕阻滯，比較常見腹部肥胖鬆垂的現象，並會造成腹脹或腹瀉；且在「下焦多水濕與瘀血」的前提下，女性朋友很容易出現婦科疾病，如肌瘤、腫瘤等疾病。

飲食養生

中醫師對圓字臉人的治療原則是：溫陽化氣以治療陽氣虛衰，化濕除痰以治療水濕痰阻，行氣活血以治療血行不利，並配合衛教，改正其飲食與運動習慣。

穴道按摩

由於體型肥胖，容易出現代謝異常現象，最好注意腎臟及肝臟健康，可以多按摩太谿穴、陰陵泉穴。

運動

因代謝不佳，最好維持長期的運動習慣，以增強肌耐力、減少脂肪、維持理想體重，但又不可選擇太過激烈的運動。比較適合的，是可以動到下肢大肌肉的運動，例如散步、游泳、慢跑、騎腳踏車等。此外，像土風舞、太極拳、溜冰、網球、有氧舞蹈、爬山等，也是不錯選擇

生活禁忌

❶ 戒菸、酒。
❷ 控制體重。
❸ 定期身體檢查。

008 風字臉的健康法則

整體健康

兩垂一短型。

體質與疾病

雖然風字臉的下停有肉，但肌肉是屬於沒有彈性而鬆弛的狀況，代表「晚年運佳、老有所成」，但中醫師反倒認為容易疾病纏身，特別是 50 歲以後，容易有退化性或代謝性的疾病。

由於下停對應人體的下焦，所以患病主要集中在下焦部位，往往有腰痠、腰部肌肉鬆垂、退化性關節炎等疾患，甚至是更嚴重的關節變形問題。患者多行動不利，久坐後便腰膝無力，難以站起。另外，下停對應人體的泌尿系統，表示下焦痰濁壅塞，泌尿系統中有過多廢物停滯，所以腎臟、輸尿管容易發炎，久病甚至會有尿毒的病況發生。

由於肥胖的風字臉人垂頷（喉嚨或頸部鬆弛下垂）嚴重，平躺時有壓迫頸部氣管的疑慮，可能是睡眠呼吸中止症的好發族群，且「二垂一短」的頸短，也與中醫診斷的「卒中體質」(西醫所謂的「容易中風體質」)，易有心血管病變產生。因此整體來說，風字臉的人心肺功能不佳，容易罹患呼吸道或心血管疾病。

飲食養生

中醫師認為，由於風字臉美眉容易下焦系統不良，平日應做好「補腎利水」。

穴道按摩

風字臉人容易出現關節問題與腎炎、水腫的現象，平日宜多按摩委中穴及犢鼻穴。

運動

由於風字臉人容易罹患骨關節疾病，因此必須養成規律的運動習慣，並且透過適度的運動來增加肌肉的強度。但運動以適度為原則，必須依照體能和年紀做調整。一般來說，散步、游泳、騎腳踏車等，都是輕鬆且能增加肌肉強度的活動。

生活禁忌

❶ 避免關節承受過大壓力。

❷ 控制體重。

❸ 少吃難以消化的食物，因風字臉者代謝不佳，重油及重鹹的食物會增加腎臟的負擔；此外，要多吃蔬果及多喝水。

009 用字臉的健康法則

整體健康

勞碌筋骨痺。

體質與疾病

中醫師認為，用字臉的美眉屬於「蠻牛型」的個性，再加上辛苦勞碌，容易造成肌肉關節的過度使用，出現勞損型的筋骨痠痛。

用字臉的人下巴雖然歪斜，但非腎氣不足的虛弱型；而是先天肌肉條件不足，全身肌肉無力，屬於腎脾兩虛，因為要支撐全身太費力，而引發的筋骨痠痛。

用字臉因為臉型不正，而下停對應下焦的腰部脊椎，所以脊椎容易側彎、骨盆容易歪斜，會有長短腳、膝蓋退化的問題。由於歪斜會壓迫到神經，所以較易產生坐骨神經疾患，且用字臉屬金形人的破局，金形主骨和神經，因此筋骨也容易出問題；再加上「金剋木」，會影響到肝膽的疏泄，所以，罹患肝炎、膽結石及消化道疾病的機率也會比較高，甚至是情緒抑鬱，造成情志疾病或睡眠障礙。

飲食養生

由於用字臉人在個性上較為固執，進而影響了情緒與健康，因此心理層面的開導（減輕工作量），以及情緒上的抒發，才是用字臉者最有效的治療。

穴道按摩

用字臉人的筋骨痠痛屬於「勞損型」，並常出現消化道疾病，所以平日宜多按摩崑崙穴及陽陵泉穴。

運動

用字臉人由於骨盆歪斜或脊椎側彎等骨骼結構異常，而容易出現筋骨方面的疾病，但適當的運動可以減緩痠痛的程度。所以，最好養成每天運動的習慣。選擇的項目以游泳與柔軟體操最佳，可以改善頸、腰、背等脊椎關節的活動度，增加肌肉力量。

生活禁忌

❶ 控制情緒。
❷ 維持正確姿勢。
❸ 多運動、休息正常。

王字臉的健康法則

整體健康

庫缺心脾虛。

體質與疾病

由於王字臉美眉的個性固執、控制慾強，反應在疾病求醫上，也常常是猜疑多變、無法專心治療，導致病情反覆；且由於思考過度，屬於消耗型，疾病性質多以中醫所謂的「陽病」為主，例如冠心病、胃食道逆流、腸躁症、肝硬化腹水、腹脹，或因為長期壓力所導致的自律神經失調等。

飲食養生

由於王字臉人的天倉（眉尾與眼角部位）與臉頰凹陷，中醫師認為屬於「心脾庫缺」的特徵，情緒容易出現亢盛狀態、耗傷心陰，進一步損傷脾胃運化與津液陰血不足，也易造成內分泌、血液淋巴不穩定、體內毒素不易排出，因此治療時，和五行中的火形人一樣，必須以養陰清熱、安定神經為主（疏通的治療方法）。

穴道按摩

由於王字臉人個性霸氣，容易罹患冠心病及胃食道逆流等疾病，平日可多按摩膻中穴及公孫穴。

運動

王字臉人個性極端，心臟和腸胃消化功能為體質弱點，因此不適宜做過於激烈的運動，以免對心臟及腸胃造成負擔。適合的運動包括散步、慢速騎腳踏車、球類或水中慢行等。

生活禁忌

❶ 維持正常飲食作息，保持排便通暢，加上適當的運動，才能夠遠離冠心病的威脅。

❷ 胃食道逆流的患者要注意飲食，避免辛辣、酸性與刺激性食物，才不會演變成難以治療的食道癌。

❸ 保持心情平穩，有助於安定情緒，且能清肝解鬱。

資料來源：彙整自《看相養病》p.46-196

臉部的痣、疤、紋路與健康的關係

臉上的痣、斑、痘痘與疤痕，不但對一個人的運勢有絕對的影響，在不同的位置也會對應出不同器官的健康情況。例如，下巴受過傷且留有疤痕，則可能晚年會較為辛苦，或容易有婦科問題，像是子宮肌瘤等疾病。

假設臉上有痣，也必須特別留意痣的變化，有些不好的痣，會突然變大或變形、變色，形狀也變得不規則。此時，形成黑色素細胞癌等惡性疾病的機率很高。

簡單來說，痣出現在不同部位，所對應的器官也就不一樣。例如，下巴有痣，就要特別注意婦科的健康；如果是顴骨上有痣，則要注意是否有肝、膽方面的健康問題。再以鼻子上的痣為例，如果是在山根上，是反應出心臟或脊椎的健康出狀況；假設痣出現在鼻樑上，平日則要特別注意肝與膽的保養，工作也盡量不要過於勞累。如果在疾厄宮（山根）或財帛宮（鼻樑）出現惡痣時，代表容易得胃腸疾病或痔瘡，且必須提防車禍等意外的發生。另外，當鼻子出現暗赤色，面相書認為除了恐有官司、火災及車禍發生外，可能也會有高血壓或腦溢血等心血管疾病發生。

除了以上的痣、斑、痘、疤，以及隨著年齡增加、皮膚老化所自然形成的細紋或皺紋之外，突然出現的紋路也是身體健康出現警訊的代表（請見表2-16）。一般來說，要消除簡單的細紋或皺紋，只要在晚上用晚霜保濕滋養，並且勤加按摩，就可以讓較淺的法令紋逐漸淡化。

此外，斑點對美眉們而言，也同樣有健康方面的示警作用。儘管有些斑塊的產生，是由於皮膚對光曬的保護作用（黑色素沉澱），但有些則是因為疾病而產生。例如，肝功能不佳的美眉，因為代謝機能差，臉頰兩側很容易長出所謂的「肝斑」。肝斑的出現通常都是一整片的，且色澤偏向黑、青。從中醫的觀點來看，如果在臉頰長很多黑點、黑斑，表示當事人的「肝」不太好。通常輕則肝病，重則可能長腫瘤。

至於痘痘的產生，則大多與內分泌、荷爾蒙、飲食、生活習慣等因素有關。青春期的皮膚油脂分泌旺盛，比較容易產生痘痘。這時，只要美眉們正確清潔皮膚、平日注意飲食、改變喜歡熬夜的生活型態，這種猛長痘痘的狀況就可獲得緩解。

如果過了青春期後還繼續長痘痘，則多半要注意是與內分泌失調有關。與疤痕與紋路相同，長痘痘的部位也對應不同器官的健康徵兆。例如，長在兩側顴骨，代表生活不規律、熬夜、飲酒、飲食辛辣、過食肉類、脂肪，造成肝、膽負荷過重所致。如果是下巴長痘痘，表示美眉可能有婦科慢性炎症的情況，像是白帶（當然有可能是常穿緊身牛仔褲，悶了一整天，在不透氣的情況下，就容易導致慢性炎症發生）等。

總的來說，皮膚上所形成的痣、斑、痘、痕，都具有一定的健康信號和警示作用，也許是在提醒美眉們要改變生活模式與思維的警訊。因此，刻意忽略它或視而不見，不表示相對應的健康隱憂已經被解決。只有徹底改變態度思維，並且確實執行健康計畫，才可以改善惱人的皮膚問題，並擁有好的健康流年。

表2-16

紋路對健康運的影響

額頭	紋路形狀	一條明顯橫紋
	健康影響	因為各方壓力聚集、易損腎氣，所以當事人可能常有身體疲勞、腰痠乏力、腸胃失調、手腳冰冷、少年白髮與盜汗等毛病。
	紋路形狀	兩道明顯橫紋
	健康影響	可能心火較旺、火氣大、容易口乾、口臭、胸悶、難眠、長痘等，最好進行飲食上的節制與適當休息，並保持心神寧靜，以降心火及迎接好運。

表2-16
紋路對健康運的影響

紋路形狀 三道明顯橫紋

健康影響 擁有此額紋的美眉代表感情早熟、精力旺盛，必須妥善處理男女關係，以避免由於縱慾過度而未老先衰。

紋路形狀 王字紋（三橫紋中加一豎紋）

健康影響 表現於健康方面，是屬於體能佳、活力充沛、少有疾病困擾的情形。一般只要保持規律作息，便能開心生活。

紋路形狀 雜而紊亂的紋

健康影響 因為生活奔波、忙碌，加上原本就底子較弱，恐有積勞成疾的問題。最好多注意肝臟及心肺方面的疾病，定時抽血檢驗以確保健康。

印堂
眉間

紋路形狀 懸針紋

健康影響 健康方面，心臟循環系統功能較弱，需修身養性、定時運動、舒坦身心，當懸針紋出現了新的橫紋或轉腳（即「懸針生腳」），則表示身體健康有了改善。

紋路形狀 兩直紋

健康影響 代表美眉的身體體質良好，只要平日注重生活健康與身心保養，並防範季節性的風邪感冒，就可常保健康無憂。

紋路形狀 八字紋

健康影響 要避免對身體健康過於自信，尤其心血管方面的徵候不可輕忽，當心延誤就醫恐釀大災。

表2-16
紋路對健康運的影響

	紋路形狀	川字紋
	健康影響	由於常離鄉背井、奔波忙碌，精神勞累不說，健康方面也將成為問題。身體元氣不足、氣虛易病，容易遇到意外事件。
法令	紋路形狀	標準對稱的法令紋
	健康影響	如果法令紋過於粗深，代表血壓容易升高、精神緊繃嚴肅，恐怕容易引起心血管方面的疾病。
	紋路形狀	不對稱的法令紋
	健康影響	面相師認為，不對稱的法令紋是因為志不得伸之下的心鬱神渙，進而影響了身體健康。往往中年開始衰弱、晚年尤差，免疫力下降，各種疾病都有可能找上門。
	紋路形狀	圍住口角的法令紋
	健康影響	有這種面相的人，腸胃消化功能較弱，容易有消化器官病變的情況，其他還可能有婦科、生殖器官等方面的隱憂，進而影響飲食與生活；建議定期檢查、維持健康飲食，便可預防疾病的侵襲。
	紋路形狀	向外伸展的法令紋（八字法令紋）
	健康影響	健康方面不差，只要保養得宜，便是精力充沛、少病少災。
	紋路形狀	不連續的法令紋
	健康影響	因平日奔波忙碌，最好注意手腳的病變或意外傷害。另外在交通上，也要特別注重「安全為上」。

資料來源：彙整自《雨陽開運手面相》p.83-90

臉部保養水噹噹

Part 3

單從面相的角度來看，由於任何斑、痘、疤痕與紋路，都會影響不同層面的運勢。因此，為了運勢的順利與暢旺，保持皮膚的光整平滑，避免痘痘與皺紋的產生，是所有美眉們每日必做的功課。

皮膚老化鬆弛的原因

皮膚是人體最大的器官、身體與外界接觸的第一道防線，也是人體主要的感覺器官。皮膚對於體溫的調節極為重要，能藉由發汗、血管收縮及豎毛肌的作用，達到身體的散熱與保溫效果。

從解剖的角度來看，人的皮膚內布滿了許多末稍神經，以及各種敏銳的知覺神經，其中包括了冷、熱、痛、壓力與觸覺感受體，能感測出溫度、觸覺等單一或複合的感覺，以及外界變化。

皮膚的構造主要可分為表皮、真皮與皮下組織三部分。表皮是皮膚最外層，在身體各部位的厚度都不同。其中，手掌與腳掌的表皮因為較常受到摩擦與刺激，最為肥厚。真皮位於皮膚的內層，介於表皮與皮下組織之間，與表皮間的連結呈現波浪狀。真皮內有密集的神經組織纖維叢、血管及淋巴。至於皮下組織，則是一種較為鬆弛的結締組織，也是人體儲存脂肪的地方，其厚度則取決於所儲存的脂肪量。

一般來說，影響皮膚顏色的因素有：黑色素、胡蘿蔔素及血紅素三種。黑色素是在皮膚基底層製造，又名「麥拉寧色素」。不同膚色的人種，擁有不同的黑色素數量，且黑色素的多寡，主要受到遺傳、日曬與荷爾蒙的影響。

胡蘿蔔素大多堆積在皮膚角質層，以及皮下組織的脂肪組織中。一旦角質層較厚的地方，吸收了過多胡蘿蔔素時，人體的皮膚就會明顯變黃。至於皮膚血管中攜帶氧氣的血紅素，會經由真皮微血管循環時，透出粉紅色。特別是皮膚白皙的人，由於皮膚基底層的黑色素含量少、表皮較為透明，血紅素的顏色也更容易顯現。

皮膚會隨著年齡的增長，而產生一系列的生理功能、組織結構與臨床表徵等方面的變化。這些變化，都是判斷皮膚老化的重要標誌。人類的皮膚從25歲起就開始步入老化，這是一種隱匿的、漸進性的變化過程，也是生命法則中必然會發生的自然規律。

至於美眉們最關心的，造成皮膚老化的原因，則有「內因性」與「外因性」兩大類。前者與遺傳、自然老化有關；後者則與環境息息相關，舉凡污染、日曬、吸菸、熬夜、緊張、壓力、酗酒等生活型態，都無可避免地會在皮膚上留下老化的痕跡。一旦皮膚衰老時，在生理功能方面將會導致皮膚的屏障保護、感覺反應、分泌排泄、滲透吸收及調節體溫等作用相對減弱。

無論是內因性還是外因性的皮膚老化，兩者之間既有本質上的區別，又有必然的聯繫。有些關係和機制，至今還沒有完全被人類了解清楚，特別是對皮膚老化的生理、生化與組織形態學變化進程，以及過程中出現的一系列分子生物學方面的變化。這充分說明了皮膚老化在分子和基因層面變化上的複雜性。

在皮膚開始老化的過程時，它所改變的，不僅僅只是皮膚和容貌的漸進性蒼老，還代表了皮膚組織儲備功能的逐漸喪失。在美眉們身體上的具體表現就是：基礎功能的降低，與對環境影響反應能力的減弱，導致皮膚細胞及組織修復損傷的能力降低，還有永久性功能的喪失。

美國皮膚醫學會曾經發表過一篇研究報告，內容指出皮膚老化的主要因素，可歸因於皮膚曝露在紫外線下。紫外線除了會使皮膚變黑，還可能導致皮膚老化，甚至皮膚癌等病變。可以這麼說：「紫外線對皮膚是百害而無一益」。

所以，以前美眉們防曬只是為了避免曬黑，但現今醫學界更加證實：防曬更重要的是為了「皮膚健康」。因為皮膚曬黑、曬紅事小，曬到長斑、長皺紋，甚至引發皮膚癌，可就麻煩大了。

紫外線可依波長的不同，分為 UVA、UVB 與 UVC。UVA 的照射深度可以直達真皮層，長期照射會讓人加速老化，也會誘發皮膚癌；UVB 的傷害雖只達到表皮層，卻是讓皮膚紅腫、脫皮、曬黑或曬傷的元凶。至於紫外線裡的 UVC，因為會在通過地球臭氧層時被吸收大半，所以極少對皮膚造成傷害。

英國的研究人員也發現：皮膚的老化跟人體的免疫系統有關。而老年人皮膚經常出現的腫瘤或黑斑等問題，可能都是不正常細胞增生所造成的。

隨著年齡的增加，臉部皮膚會出現不同程度的老化現象。其中，皮膚鬆弛是比較常見的情形。那麼，皮膚為什麼會鬆弛呢？一般可歸納出以下原因：

1. 外在因素

地心引力、精神緊張或防曬工作做得不夠完善，再加上受到紫外線的傷害，以及環境的氧化，都會使皮膚結構轉化並失去彈性，進一步造成鬆弛。

2. 內在因素

皮膚的真皮層中，含有膠原蛋白和彈力纖維蛋白兩種成分，分別支撐皮膚，並使皮膚呈現飽滿緊緻的效果。不過在 25 歲之後，這兩種蛋白會因為人體衰老進程而自然地減少。細胞與細胞之間的纖維，也會隨著時間而退化，使皮膚失去彈性。

脂肪和肌肉是皮膚最大的支撐力，而人體衰老、過度減肥、營養不均、缺乏鍛鍊等各種原因，都會造成皮下脂肪流失、肌肉鬆弛，使皮膚失去支撐而鬆弛下垂。只不過，90% 以上的皮膚鬆弛，都是過度照射陽光紫外線所造成的。其一是因為形成光老化，其二是會造成體內形成大量自由基，使皮膚被過度氧化後失去彈性而變得鬆弛。

因此，在累積照射至少 20 年的紫外線後，自 35 歲開始，皮膚的鬆弛狀況會越來越嚴重。臉部甚至可能顯現出眉毛下垂、雙眼皮變窄、法令紋加深、腮幫子下墜、臉型走樣、下巴曲線變形等狀況。

為了避免皮膚過於鬆弛，美眉們一定要時時刻刻留意防曬工作，同時還可以多吃一些新鮮蔬果，以及富含膠原蛋白的食物。透過飲食補充大量的天然維生素 C，也可以保護細胞不受紫外線的傷害，並能中和體內游離的自由基，更有助於合成膠原蛋白，來對抗皮膚的氧化和鬆弛。富含大量膠原蛋白的豬腳等食物，除了可增強皮膚結構的支撐力，也可加強皮膚的鎖水、保濕效果，使皮膚保持緊繃的彈性。有關改善膚質的食物及維生素，請見拙著《吃對了不生病》一書的相關內容。

如何避免痘疤壞了好運？

很多時候，問題皮膚都是因為「先天不良」與「後天失調」所造成的。而女性最常出現的皮膚問題，就屬「痘痘危機」了。既然痘痘會影響一個人的流年運勢，那麼如何「戰痘」成功，就不只是美眉們「愛漂亮」的目標而已了。

只不過，許多美眉們不管試了多少偏方與妙法，還是無法阻止痘痘的生成，甚至越長越多、越長越嚴重，在臉上形成難看的疤痕，破壞了原本的好面相。

根據知名部落客——除痘達人 Ken 的說法，除痘無法成功的主要原因有：

❶ 錯誤的保養資訊。

❷ 濫用抗發炎藥物或抗生素。

❸ 選擇不適合的清潔用品與保養品。

❹ 痘痘不只是皮膚的問題，還可能是身體的一種警訊。

事實上，某些肌膚問題（例如去除斑點、縮小毛孔、除疤除痕等）可以透過醫美手法，以快速達到效果，卻無法「一勞永逸」。

其中最大的關鍵，還是在當事人平日的保養。就像減肥一樣，減肥只是一時，困難的是一輩子的維持。因此，若要徹底戰勝痘痘，得先從「了解粉刺與痘痘形成的原因」開始著手。

簡單來說，造成粉刺與痘痘的兩大主因，就是「皮脂分泌過多」及「角質肥厚堆積」阻塞了毛孔，讓痤瘡桿菌在毛囊內增生。如果有痘痘困擾的美眉們沒有對症下藥，就無法有效解決痘痘問題。事實上，粉刺就是尚未發炎的痘痘，裡面藏有很多痤瘡桿菌，如果硬擠，只會把細菌推擠到毛孔更深處，腫起來發炎變成痘痘。

有些美眉會買痘痘專用洗面乳，但由於抗痘洗面乳裡，通常含有果酸、水楊酸，以及洗淨力超強的介面活性劑。這種配方基本上只有臉部很油的人才適用。而且，長痘痘的原因很多，假設不是因為「油脂分泌太旺盛」，那麼使用這些洗淨力太強的洗面乳來洗臉，只會讓痘痘更加紅腫。

因此，建議美眉們在挑選洗面乳時，最好選擇比較不刺激皮膚、pH5.5的弱酸性產品，或是標示不含油配方（oil-free）、不生粉刺配方（non-comedogenic）的產品。要特別注意的是：一旦痘痘問題嚴重時，其他額外的功能性保養品最好都不要用，只要把保濕和防曬做好就夠了。因為這時的皮膚正在生病，擦太多東西只會增加它的負擔。

001 皮膚保養三步驟

皮膚科醫師藍政哲曾經提供以下簡單保養三步驟：

1. 清潔

由於皮膚長時間暴露在空氣中，表面容易附著一些污染物，再加上本身的油脂、汗液與老廢細胞等作用，將使皮膚容易長痤瘡或受到感染。因此，清潔絕對是皮膚保養最重要的第一步。徹底的清潔動作，不僅可清除皮膚表層的污染物、保持毛孔暢通、防止細菌感染，也可以調節皮膚的酸鹼值、幫助後續使用的保養品吸收。

2. 滋養

皮膚要保持「油水平衡」，才會有健康的光澤。而洗完臉之後，皮膚的保濕因子會流失掉。所以，洗臉後應該盡速補充含有保濕成分的產品，以保護皮膚維持水嫩與光澤。其中，乳液或面霜提供油脂，能讓皮膚表面形成保護膜，防止水分蒸發與養分流失。

3. 防護

皮膚出現斑點、老化是正常現象，但紫外線照射是導致黑色素生成、加速皮膚老化的一個重要因素。因此，要讓皮膚保持淨白、延緩老化，做好防曬絕對是關鍵。

002 由內而外跟痘痘說「再見」

至於《史上最強粉刺痘痘淨斷術》一書，則整理出以下四大皮膚保養的關鍵：

1. 清潔很重要

正確的清潔程序，是先以卸妝產品卸除彩妝，用清水洗淨後，再用洗面乳清洗一遍。但許多美眉認為，洗臉前多一道卸妝程序似乎很麻煩，而想要省略這一步。

理論上，只要沒有化妝，或沒有使用含潤色、防水成分的防曬乳或隔離霜，就沒有「卸妝」的必要。因為以上的產品裡含有油脂、粉末等化學物質，洗面乳不容易將這些成分洗淨，必須靠卸妝品來「以油溶油」，才能將這些粉體、油脂洗乾淨。

2. 加強循環、適度喝水

皮膚是身體排毒的重要途徑之一，體內如果累積過多毒素，皮膚狀況也會跟著受影響，像是膚色暗沉、斑點、狂冒痘痘等。建議美眉們養成定期運動的習慣，以加強體內循環，同時多喝水幫助身體排毒，不只能減輕身體的負擔，也可以改善皮膚的健康狀況。

3. 作息正常

所謂「睡美容覺」，就是因為充分的休息，可以讓人的膚質變得漂亮、有光澤。所以，熬夜及嗜吃甜、辣、炸物等，絕對是想要擁有美麗膚質的美眉們，一定要避免的行為。

4. 不要給自己太大的壓力

膚質的改善並非一朝一夕的事，對於意外冒出的痘痘，不要病急亂投醫，將各種保養品隨便往臉上抹或擠，反而應該簡化保養程序，讓肌膚有休養復原的時間。

5. 找出突然冒痘痘的原因

如果突然冒痘痘，通常會與女性生理期的分泌異常、最近更換過化妝品、枕頭套或床單不夠「清潔、乾淨」，甚至與體內健康有關，例如生活作息不正常、飲食過於辛辣油膩刺激，甚至是體內子宮、生殖器官或消化系統出問題的結果。

003 快速除痘方法

要是痘痘還是冒出來了，又該怎麼辦呢？以下是處置的重點。

1. 暫時不要化妝

為了徹底解決痘痘的問題，最好的方法就是「讓肌膚暫時休息一下」。外出時，盡量避免化妝，並且做好保濕與防曬的動作。當然，對於有容易長痘痘膚質的人來說，平時就要避免使用油脂過多的保養品，最好改用質地清爽的保濕產品，讓肌膚獲得充足的水分。

2. 痘痘化膿前，避免擠壓

如果在痘痘化膿前就用手擠它，只會讓問題更加惡化。最好找專業的皮膚科醫師代勞，若要自己擠出成熟的痘痘，則一定要把雙手洗乾淨。

3. 雙手要保持乾淨

一般人都很習慣性（不由自主）地用手觸摸臉部，但如果臉上剛好有長痘痘，就會因為不乾淨雙手上的細菌而感染，導致問題惡化。所以，最好平日就養成讓雙手保持乾淨的習慣。

4. 使用濕潤療創痘痘貼

理論上，讓傷口保持濕潤狀態，其癒合的速度不僅更快，也不會留下疤痕。所以，使用效果極佳的濕潤療創痘痘貼，既能讓傷口保持濕潤狀態，也能避免遭到細菌的感染，可以使痘痘復原得更快。

5. 不要任意使用淨痘（anti-blemish）產品

一般來說，不必對痘痘做任何處置，它都會自行好轉。所以，任意使用錯誤的淨痘產品（如除痘凝膠），往往會讓痘痘更加惡化。就算要使用，最好向專科醫師確認後再使用。

表3-1
不同膚質該如何挑選保養品

膚質	特性	適合的保養品	適合的清潔用品
中性膚質	這是最容易照料的膚質，毛孔細緻、沒有出油或乾燥的困擾。	一般保養品即可。	一般清潔用品即可。
油性膚質	經常油光滿面，毛孔粗大，且容易有粉刺、青春痘。不過，由於皮脂腺分泌旺盛，油脂足夠能保護肌膚，皮膚不容易過敏。	挑選清爽的凝膠或乳液。	挑選清潔力強、洗後清爽的潔面皂。
乾性膚質	臉部皮膚乾燥緊繃，容易脫皮，眼周經常出現小細紋。因為缺少油脂滋潤，容易敏感及形成假性小皺紋，好處是臉上不泛油光，比較不容易脫妝。	挑選滋潤型的乳液或乳霜。	可使用含有較溫和胺基酸系界面活性劑，較不刺激肌膚的潔面慕絲。

表3-1
不同膚質該如何挑選保養品

膚質	特性	適合的保養品	適合的清潔用品
混和性膚質	最常見的膚質，約占六成以上。臉頰容易乾燥緊繃，額頭和鼻子（T 字部位）卻經常出油。	兩頰及眼周使用滋潤型保濕品，T 字部位則可選擇清爽型，或是減少保養品的用量。	適合泡泡較多的洗面乳，比較能夠充分洗淨髒污。
敏感性膚質	大多是皮膚對某些保養品的成分產生過敏反應，一旦接觸到過敏原，皮膚就會出現紅、腫、癢，甚至是起水泡等。如果是這種狀況，就應該找出容易過敏的成分，並避免使用含有過敏成分的保養品。	使用抗過敏的保養品。	可使用含有較溫和胺基酸系界面活性劑，較不刺激肌膚的潔面慕絲。

資料來源：長庚技術學院化妝品應運系講師李士虹（《美肌彩妝》p.12-13、25）

開心一下　增胖計畫的開始

媽媽跟遠遠說　：我們常常來吃這種吃到飽的，媽媽會肥死。
遠遠就跟媽媽說：那我們在吃的時候，妳可以帶口罩。
我吃完，我就可以長肉。你沒吃到，還會變瘦。

——陳玲儀、廖紹遠 提供

Part 4

臉部開運彩妝

只要是女生，總會對自己的長相不盡滿意，甚至動過微整形或整形的念頭。撇開喜歡的女明星臉型到底適不適合自己的問題，其他如價格超過預算、擔心手術過程的疼痛感及術後的風險，都會讓許多既期待又怕受傷害的美眉們，對整形這件事裹足不前，最後只得放棄，並在埋怨天生沒「美運」中，認命地接受與生俱來的容貌。

但是，感覺自己長相不佳、極度想要改變樣貌與命運的美眉們，真的只有「放棄」一途嗎？其實，愛美又怕痛的美眉們，也可以考慮以下這種強大的武器——彩妝。

用化妝打造獨特魅力

化妝對現代女性來說，已經成為一種基本生活習慣與禮儀。從面相學的角度來看，藉由化妝品的掩蓋、增色及粉飾的各種作用及功能，也能夠讓美眉們的臉色，看起來更好一些。

儘管化妝只是改變外觀視覺的「表面功夫」，在卸妝之後，還是會回歸原本的自己，對流年運勢與健康並沒有實質上的幫助。但是，透過化妝、修眉、紋眉，或是髮型、髮色等外表上的修飾與改變，的確能因為氣色變好而給人良好的第一印象，讓美眉們擁有更高的自信心。

舉例來說，眉毛粗又雜亂的人，在經過適度修眉之後，外表給人的感覺就會變得較為柔和，並讓人容易親近；至於眉毛稀疏的人，在適度修飾眉形或是紋眉之後，也會顯得較有精神。

要提醒美眉們的是：任何妝扮都應該以「得體得當」為前提，必須與當事人的年齡和行業相稱，同時也要因應不同的場合而有所調整。也就是說，不論化妝、修眉或染髮等適度的修飾，只要適合自己的年齡、個性、命格、職業與場合，就能避免命運朝向「壞」的方向發展，並對自己的外表及運勢產生「加分」的效果。

此外，建議美眉們應該建立以下的正確觀念：修飾是為了使自己看起來更好、更有精神。更重要的是，這些外在容貌的改變，不可能完全改變及扭轉運勢，一定要配合內在心性的調整，落實健康生活的態度與模式，才是內外兼備的美麗。

化妝要求勻稱、協調，並且創造出屬於自己的獨特魅力。以下，先介紹幾個最基本的化妝知識及步驟。

如果想要有自然又美麗的妝容，且不易脫妝，基礎工作就是化妝前做好保濕的動作，否則一上妝就很容易出現脫皮的狀況。台灣美眉膚質的困擾，大多是「外油內乾」，所以特別要注意妝前「保濕」的功夫。在化妝前，先將臉洗淨，塗上潤膚霜或乳液。而好的潤膚霜能在塗粉底之前，為化妝過程打下基礎，避免臉上皮膚乾澀，並可使皮膚看上去晶瑩剔透。

Step 1　擦隔離霜

很多美眉在化妝時，都會跳過這一步驟，但這個步驟是很重要的。其方法是：取用指甲片大小量的隔離霜點在臉上，並塗抹均勻，但不能用太多。

隔離霜有多種顏色，適合不同膚色的美眉挑選使用（請見表 4-1）。T 字部位較油、兩頰較乾，屬於混合皮膚的美眉，可以選用控油保濕的潤色隔離霜，來進行打底的工作。

表4-1
隔離霜與膚色的關係

隔離霜顏色	適合者
藍色	有良好的遮蓋作用，適合有斑點或其他瑕疵的美眉使用。
紫色	適合偏黃的皮膚，可使皮膚較紅潤、透明。
綠色	適合想要改變膚色的美眉，可使皮膚較為白皙。
白色	適合無瑕疵的皮膚，可使膚色更為明亮、五官更為立體。
黃色	適合臉頰泛紅的美眉使用。

Step 2 粉底

取用比隔離霜多一倍的量，均勻塗抹在臉部。要注意的是：眼部、頭髮與額頭的交界處，都要塗抹均勻。粉底一般有四種，分別是粉狀、兩用、液狀及霜狀，各有其特殊的使用效果（表 4-2）及適用膚質（表 4-3）。

冬天和夏天的化妝品，通常只有「底妝」與「顏色」的不同。不過在夏天時，因為皮膚容易出油及流汗，所以需要防水和控油的功能，兩用粉餅會比粉底液來得好用。至於顏色，則要使用較高明度的色彩，讓使用的美眉看起來較有精神。

在冬天時，由於天氣乾燥，比較建議使用液狀的粉底液，且美眉們一定要特別注意做好保濕的工作。至於彩妝的顏色選擇方面，選擇「大地色系」比較有秋冬感。

表4-2
不同粉底的效果

粉底	特色或使用效果
粉狀	用起來最為簡便的一種粉底。
兩用	有無沾水都可使用，沾水時使用較有透明感，且較不易脫妝。
霜狀	在所有粉底中，是遮瑕效果最好的一種。但如果使用分量不當，容易出現厚重感，反而造成反效果。
液狀	可以塗出自然透明的膚色，並可依不同膚質挑選。

表4-3
不同粉底液適用的膚質

類型	適用膚質
濕潤型	一般、乾性或皺紋明顯的皮膚使用。
粉嫩型	一般及油性皮膚使用。
清爽型	油性及敏感性肌膚使用。

Step 3　上遮瑕品

取少許遮瑕品或遮瑕液，輕輕塗在臉上的瑕疵部位，不必塗太厚就可以遮蓋住臉上的斑點或痘痘。至於有黑眼圈的美眉，則可以將遮瑕液擴大塗抹在雙眉間到鼻子的三分之一處。這樣一來，不僅可以遮蓋黑眼圈，還有提亮的效果。

遮瑕品的功用

❶ 掩飾臉上的小瑕疵及斑點。
❷ 掩飾顏色較深的大型斑點。
❸ 取代明亮色眼影，以打亮眼角部位。
❹ 取代珠光產品來打亮鼻樑，讓鼻樑因為「明亮一個色階」，而呈現出提亮的效果。
❺ 修飾線條不是很明顯的嘴角。

002 使用遮瑕品的錯誤迷思

1. 一個顏色的遮瑕品可適用於全臉

在遮掩黑眼圈時，建議美眉使用比膚色「亮一個色階」的遮瑕品；而修飾斑點時，則使用「暗一個色階」的產品，才能產生遮掩的效果。

2. 塗抹遮瑕品之後，立即用指腹輕拍

美眉們要小心，這樣做會將遮瑕品給拍掉，並讓斑點再現。

3. 臉上的所有瑕疵都得用遮瑕品掩飾掉

只要將顯而易見的大斑點，用遮瑕品掩蓋；至於其他的小瑕疵，可用正常的化妝方式掩蓋，這樣才不會讓整體妝感顯得太過厚重。

4. 遮瑕品無所不能

美眉的遮瑕品如果塗得太厚，或是全臉都亂點，反而會讓肌膚看起來的效果不佳。在減少遮瑕品的用量之下，不但妝感較為自然，皮膚也會顯得更健康漂亮。

表4-4
各式遮瑕品的比較

筆式遮瑕液

適用範圍	黑眼圈
特性及優、缺點	擦起來保濕度夠、延展性佳，且筆尖呈刷毛狀，方便塗抹。但遮瑕力偏弱，用它來遮蓋痣或斑點時，效果稍嫌不足。
選擇重點	如果使用太乾燥的產品，容易卡在細紋間，或產生龜裂的現象，導致肌膚看起來不自然。因此，最好選擇水潤型產品。

棒狀遮瑕膏

適用範圍	適合遮掩痘疤、痣或顯而易見的黑斑等。
特性及優、缺點	霧面質地的棒狀遮瑕膏，在塗抹於眼底時使用起來很方便，且遮瑕力較佳；但缺點是妝感偏厚，龜裂的機率也比較高。
選擇重點	要有較佳的遮瑕力，最好選擇霧面質地的產品。

刷頭式遮瑕乳

適用範圍	適用於全臉（可利用尾端的刷頭，點在臉上使用）。
特性及優、缺點	使用感覺介於液態與固態產品之間，質地屬於較濃稠的乳液，兼具兩者的優點與缺點。

瓶罐式遮瑕霜

適用範圍	適用全臉
特性及優、缺點	這一類遮瑕品雖然屬於固態，但比棒狀遮瑕膏軟一點，且必須要買遮瑕刷才能使用。
選擇重點	瓶罐式產品又分水潤型、霧面質地、遮瑕力良好等各種不同質感的產品，在購買前可多加比較。

資料來源：彙整自《微整形化妝術》p.36-37

表4-4
各式遮瑕品的比較

粉狀遮瑕品

適用範圍	化妝時，習慣以粉餅或粉底收尾的人，可以選用這類產品。
特性及優、缺點	用起來就像是蜜粉餅經過濃縮般，遮瑕力相當好；但在水嫩的肌膚上使用粉狀產品時，容易導致斑點或遮瑕部位凸起。
選擇重點	最好選擇適合自己膚質的產品。

資料來源：彙整自《微整形化妝術》p.36-37

002 找不到合適的市售遮瑕品，該怎麼辦？

儘管市售的遮瑕品很多，但每種產品都有些微的缺點，不見得適合自己的膚質與需求。如果暫時找不到自己喜歡或合適的遮瑕品，建議美眉們不妨將兩種遮瑕品混合使用，既達到互補的效果，又能補強彼此的缺點。

1. 與乳液混合，自製水嫩型遮瑕品

可在乾硬或粉霧感產品裡，加入保濕霜。如此一來，不僅延展性佳，也具有水潤的效果。但要注意的是，保濕霜的分量如果太多，遮瑕力也會隨之降低，因此用量一定要適度。

2. 與粉底混合使用

當手邊現有的遮瑕品和粉底間色差太大時，可以在遮瑕品裡，加入少許粉底。如此一來，新誕生的遮瑕品顏色，就會與粉底十分協調。即便是粉霧感遮瑕品，如果混入粉底液，也會變得較為水嫩，使用起來更方便。

3. 混合兩種不同顏色的產品

當其中一個顏色太暗，另一個又太明亮時，若想擁有中間色彩的產品，美眉也不必另外購買，利用現有刷具將兩種遮瑕品混合使用，就可以了。

Step 4　上粉餅

用粉撲輕輕拍打在臉部，注意一定要均勻上粉。同時，要連頸部的裸露處也上粉，看上去才會更有精神。

當然，如果美眉們完成「Step 3 上遮瑕品」之後，妝容已經達到理想效果的話，就可以省去上粉餅的步驟，直接進行「Step 5 上蜜粉」，達到提亮的效果就可以了。

Step 5　上蜜粉

輕輕在臉上撲一層蜜粉即可，臉部與脖子的交界處也要上。蜜粉可以用來固定粉底和彩妝，讓妝容更持久。不同顏色的蜜粉，也能調整及修飾膚色。此外，蜜粉還能去除皮膚上多餘的油脂。上完妝後，用面紙按壓臉部，也可以讓整體妝容更為服貼。

Step 6　眉毛的修剪及畫眉

在美眉們第一次修剪眉毛時，可以請專業美容師協助。之後，就可以按照已經修好的形狀整理。畫眉時，可使用眉刷及眉粉，讓效果更為自然。或是依照自己想要的感覺，選擇適合的眉筆，才能畫出漂亮的眉形。

Step 7　上彩妝

依序刷上睫毛膏、眼彩、腮紅及口紅即可。

徹底卸妝

如果是乾性肌膚，採用卸妝乳即可；如果是中性或油性肌膚，則可採用卸妝力較強的卸妝油。

一般建議的卸妝方式，是將卸妝品塗抹在臉上，再以「畫圈圈」的方式卸妝。如果是使用卸妝油，則是先以卸妝油按摩後，再加上一點水繼續按摩，讓卸妝油乳化。最後，用清水洗掉臉上的卸妝品。

如果美眉們的彩妝偏向簡單清爽，可以直接用卸妝乳來卸妝。至於彩妝偏向複雜且厚重的美眉，應先用卸妝油把彩妝卸到乾淨，再用乳化型（像乳液一樣）的卸妝品清潔臉部。特別是選用防水型眼部彩妝，或是持久型口紅的美眉，請務必要使用同品牌搭配的專用卸妝用品，才能確保卸得乾淨。

卸妝時的動作要輕柔，讓卸妝品與彩妝充分混合，就可以輕鬆地把妝卸掉。同時，寧可分成數個區域處理，不要為了貪圖方便，一次全抹在臉上，這樣的做法會傷害皮膚。在使用卸妝棉時，動作也要輕一點，因為有些卸妝棉的品質很粗糙，用得不妥反而容易使皮膚受傷，加快皮膚角質的增生。

在卸妝之後，要用洗面乳做最後的臉部清潔，並使用化妝水、保濕面霜或乳液來保養皮膚。卸妝、洗臉及化妝水的使用，在化妝品學中，都屬於皮膚清潔的步驟。

許多化妝品廣告會建議美眉們，平日沒上妝也需要卸妝，理由是：戶外空氣實在太髒。如果沒有使用卸妝品做深層清潔，會洗不乾淨，髒空氣會堵塞毛細孔，造成皮膚問題。其實，目前的洗面乳、洗面皂，多數連淡妝都可以卸除，對於自認麗質天生、沒有化妝的美眉來說，並不需要在洗臉的過程中，特別加入卸妝的步驟。

用開運化妝法修飾面相缺點

受惠於化妝品研發的進步，使得化妝技巧變得日益精進。原本極為單純的彩妝，透過打亮與陰影等技巧，不但可以修飾臉部缺陷，更能夠達到近乎微整形般的效果。不論從消極的「改善不佳面相」，或是積極的「開運」角度來看，都可以藉由彩妝上的一些手法或技巧，輕鬆達到修飾臉部缺陷，甚至是增添好運的目的。

在正式進入整形彩妝的介紹之前，有一點需要特別強調：這裡的整形妝，充其量只是彩妝而已，各位美眉們請不要期望只透過它，就達到媲美整形手術般的完美境界。因為說穿了，整形妝的概念就是「找出臉部長相的缺陷，再透過彩妝來截長補短」。假設美眉的心態過於太貪心，所用的修飾臉部缺陷技巧太超過，只會呈現出做作、不自然的感覺，或是讓缺點更加暴露的反效果。

以下將分為耳朵、眉毛、眼睛、鼻子、嘴唇、臉部輪廓等五大部位，依序介紹一般彩妝裡不常提到的各種修飾及提升運勢的技法。

1 耳朵

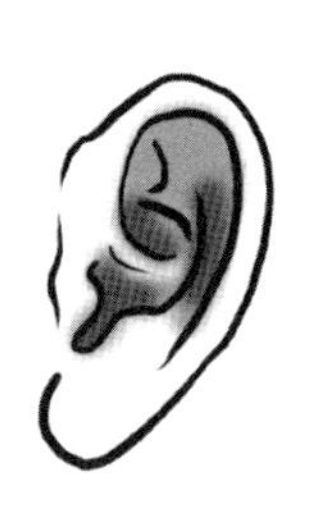

依據中醫的說法，耳朵的長相與氣色，直接反映出人體先天內臟器官的發育，以及後天的健康狀況。所以，如果打了耳洞，對於該部位所對應的器官，會有所損傷，也比較容易耗散福氣。

一般來說，開運化妝對耳朵的幫助較小，但是當耳朵的氣色不佳，或呈現乾、枯、暗的情形時，也可以在耳朵上薄塗一層粉底，讓耳朵和臉部的氣色一致。此外，假設美眉的耳朵形狀不佳或有缺陷，則建議盡量不要綁馬尾，反而要用頭髮蓋住耳朵，稍微加以遮飾。

2 眉毛

001 如何「修理眉毛」？

1. 眉毛要用剃的？還是用拔的？

其實，不論是用剃的還是拔的，都無所謂。只不過用拔除的方式，可以讓皮膚看起來更清爽乾淨，且眉形也更持久；而用剃刀剃除，眉毛周圍的肌膚會因磨擦而脫屑，並且會深受刺激。

2. 盡量保持眉毛的毛流

眉毛不是隨便亂長的，有一定的生長方向（也就是所謂的「毛流」）。因此，建議美眉盡量順著它的生長方向來修整，眉形才會更自然、漂亮。

3. 考量臉型，再來決定眉形

隨著時代的不同，眉形也有所謂的「流行樣式」。要提醒美眉的是：眉形對一個人臉部的影響至關重大，因此不能盲目跟著流行走。其中最大的關鍵是：要配合自己的臉型及形象，來找出適合的眉形。

4. 要把兩邊眉毛修整得十分對稱？

其實，每個人的兩邊眉毛長相都不太一樣。因此，一昧地把它們修整得十分對稱，就會顯得造作不自然。不必費心修理得很對稱，只要把眉頭部位修整成相同高度，再順著毛髮生長方向梳理整齊，盡量讓它看起來自然就好。

002 眉毛的開運彩妝重點

由於眉毛代表 31~34 歲的行運，因此面相師認為，眉相不佳的人在理智判斷及待人接物的能力，都比一般人差，常常容易得罪小人，或是缺少貴人運。此外，面相師也建議，當流年行運到眉毛運時，眉相不好的人就不宜借貸或投資，更不宜合夥，以免傷財或破財。

如果美眉認為自己的眉形不佳，建議平時可以使用眉毛保養液，或每天以指腹順著眉毛生長的方向按摩，讓眉毛保持平順及光澤度。眉毛稀疏的人，畫眉時要有耐性，一根一根順著眉毛的生長方向，畫出自然的眉形。此外，美眉在畫眉峰時，切忌不可過於明顯，一定要保持一點弧度才行。且畫眉的顏色，一定要配合髮色，不可畫得太濃，也要盡量避免用黑色眉筆畫眉。還有，眉間的雜毛也要時常去除。

3 眼睛

如果眼睛長得不好，像是太凸、過於下垂，或是看起如醉、如癡、眼露凶光等，建議可選擇一副柔和的眼鏡來增加美感，最好避免使用隱形眼鏡，反而會突顯眼睛不好的面相。

在畫眼影時，避免畫過於誇張的煙燻眼妝，因為容易影響眼周的氣色；在配戴假睫毛時，應該要避免過於濃密的假睫毛，或是將眼睛畫得過大。因為就相學來說，遮蓋眼神容易造成「識人不清」，而眼睛太大則容易出現爛桃花。其實從純面相的角度來看，細長的眼睛，感性中帶有理性，才是比較好的眼相。

假設眼神較弱、眼睛太小或是單眼皮的美眉，最好選擇黑色眼線筆（不要用棕色或其他顏色），描繪出較為明顯的眼線，以創造出炯炯有神的目光。但如果眼睛太大或眼神過於銳利的人，則可省略掉畫眼線（特別是下眼線）、避免使用太鮮明亮麗的色彩，或是配戴淡茶色鏡片的眼鏡，來遮蓋過於銳利的眼神。

眼袋（也就是所謂的「臥蠶」）部位一定要保持明亮，一旦出現黑眼圈，將會影響財運及愛情運，建議有此困擾的美眉，可用遮瑕膏加以修飾；如果用遮瑕膏也蓋不住，可以暫時配戴眼鏡以稍微遮擋。此外，每天按摩眼周附近的穴道，並且維持睡眠充足，才能有效改善眼袋的浮腫或黑眼圈。

如果眼睛是屬於「多白眼」（例如三白眼、四白眼），則可戴上讓黑瞳放大的隱形眼鏡（瞳孔放大片），或是配戴適合臉型的眼鏡，稍微遮掩及修飾眼睛的缺點。要記得：一定不要在同側內眼瞼上（例如上白眼的上側眼瞼）畫眼線，以免上多白眼更加明顯。

表4-5

修飾眼睛缺陷的開運化妝術

瞇瞇眼

上眼線畫粗一些，並且在上完咖啡色的眼影之後，打上亮度較高的白色眼影；接著用白色眼線筆畫下眼線。完成後，再用亮度高的白色眼影，沿著下眼瞼描繪，便可讓眼睛看起來大一些。

困擾

大眼睛

化妝重點

在眼皮上刷一層薄薄的咖啡色眼影，在眉毛的下面打上高亮度的白色；此外，千萬不要再上睫毛膏或畫眼線等來突顯大眼睛。

困擾

垂眼

只要加強上眼線的描繪，且越到眼尾，要更加強眼線的寬度。最後，再使用眼影以強調眼尾的深邃感。

困擾

鳳眼

上眼線與眼頭部分要描深一些，眼尾部分則要描細一點。此外，下眼線要畫在眼框下面一點的位置，並加強眼頭的深邃感。

困擾

單眼皮

中間的眼線描粗，眼頭及眼尾則描細，並使用灰色或咖啡色的眼影，畫在上眼皮上，並用白色亮彩的眼影打亮；然後用白色眼線描下眼線，再沿著下眼瞼打上白色亮彩的眼影。

表4-5 修飾眼睛缺陷的開運化妝術

雙眼皮

要特別留意眼妝的自然度，避免使用過於鮮豔的眼影。因此，咖啡色、灰色及粉紅色眼影，都是不錯的選擇。

雙眼距離較開

使用咖啡色眼影在眼頭部位，打造出深邃感，並在眼尾部分刷上一層淡淡的眼影，再使用咖啡色眼影，在鼻子兩側打上陰影。

雙眼距離較近

用淡紫或咖啡色眼影，先在眼尾打造深邃感，並在眼頭部分打上一層薄薄眼影。下眼線部分，則用白色眼線筆，從眼頭開始，一直畫到中間為止。

資料來源：彙整自《面相學幫你改運招桃花》p.160-167

表4-6

增加桃花運的色彩及眼妝

位置	化妝重點
眼尾到太陽穴下方（奸門、魚尾，也就是桃花位和夫妻宮）	刷上一層薄薄的粉紅色眼影，然後順著眼尾往後自然延伸；嚮往戀愛的美眉在化妝時，可以從顴骨輕拍腮紅至夫妻宮部位（眼尾至耳朵間），以增加好氣色，也能得到好運氣。
眼皮（眼瞼部分）	打上淡咖啡色，並在其上塗白色眼影，以打造亮彩感。
眼框	上眼線看起來要「若有似無」，並且在下睫毛根部，使用白色或粉紅色畫出下眼線。
下眼瞼	使用白色或粉紅色打亮。
眉毛	修成細長的月牙眉。

資料來源：彙整自《面相學幫你改運招桃花》p.164、《雨陽開運手面相》p.83-90

4　鼻子

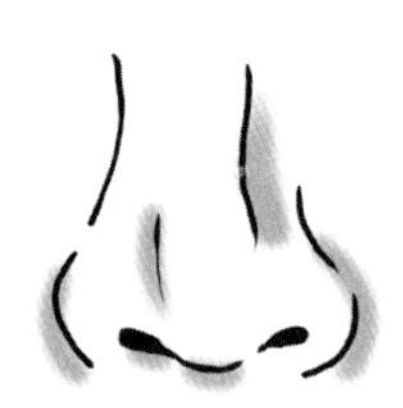

如果鼻形原本就不佳，單純靠彩妝來修飾的效果相當有限。頂多只是利用深色或白色的修容餅，塗在鼻樑及兩側，使其產生明顯的色差陰影，讓低陷的鼻樑看起來高挺一些。

由於鼻子與健康及財運都息息相關，在化妝時，一定要保持鼻子部位的明亮、有光澤。因此，平常可以常常按摩鼻子周圍（以食指或中指的指腹，由眼頭順著鼻樑兩側上下地按摩），以便讓鼻子的氣色更佳。

此外，鼻頭或鼻翼如果有粉刺時，千萬不要用手擠，以免留下疤痕而影響到財運。此時，可以用具有深層清潔效果的面膜，或是去角質作用的洗面乳來去除。一旦有嚴重的疤痕或凹洞時，最好求助專業的醫美診所。

5　嘴唇

嘴唇代表一個人的愛情宮，美好的唇形才能吸引異性，招來好桃花及創造好人緣，因此美眉在畫唇形時，一定要善用唇筆來修飾嘴唇的缺陷（例如嘴巴太大、太小、唇形不正、嘴角下垂等），並記得畫出「輪廓分明」、「嘴角上揚」兩大重點。

至於開運的唇色，是以粉紅、潤膚紅、珊瑚粉紅、紫紅、棕紅及桃紅色調為佳。但一般來說，如果嘴唇太小，應該避免使用彩度太低、太暗或太鮮豔的顏色，以免讓嘴唇看起來更小；如果嘴唇太大、太厚的美眉，則應該避免使用色彩太過飽滿、太油亮的唇彩，建議改用中高明度的唇彩，讓嘴唇不會顯得過於突兀。

還有，唇峰切忌不要畫得過於尖銳，以免讓人產生「尖酸刻薄」的感覺。

表4-7

修飾嘴唇缺陷的開運化妝術

★說明：從眼睛瞳孔內側往下畫線，唇小於此為「過小」，超過則為「過大」。

困擾	化妝重點
太大	先用粉底修飾掉原本的唇形，並在實際唇形的內側描繪唇線，將其修飾得薄及小一些。但是，嘴唇實際的輪廓和口紅勾繪的唇線之間，差距不可以超過 2 公釐，以免太過突兀。
太小	請稍微將唇描得厚及描大一些，顏色以淡粉紅或是透明為基本色，並且在下唇塗足夠的唇蜜。但是，嘴唇實際的輪廓和口紅勾繪的唇線之間，差距不可以超過 2 公釐，以免太過突兀。

表4-7
修飾嘴唇缺陷的開運化妝術

困擾	化妝重點
嘴角下垂或歪斜	利用唇妝修飾下垂的嘴角，也可以讓嘴巴的歪斜看起來較不明顯。如果美眉想特別強調「上唇峰」，則可以在中央部分，用唇筆刻意描繪明顯的V字型。 此外，歪斜可以透過照鏡子自我訓練的方式，矯正自己的缺點。

資料來源：彙整自《面相學幫你改運招桃花》p.160-167

提升財運、桃花運與事業運的彩妝技巧

除了以上的整體化妝技巧外，想要增添好運的美眉們，還可以藉由面相十二宮所代表的財運、健康運與桃花運吉凶定義，搭配適合的顏色及特殊的化妝方式，以達到單一運勢的開運效果。

1 提升「財運」的彩妝技巧

建議美眉盡量保持鼻子部位的光滑清潔，避免這裡長出痘痘、受傷或穿洞戴環，以免破壞財庫，讓大好的財運散失掉。

其次，當然也可以借助化妝方法與技巧，使鼻樑的氣色更加明亮，使橫紋、疤痕等都看不到。一般認為，鼻子短代表中年運較弱，如果想藉由一些技巧改善，也可以選擇不同型式的眼鏡，從外在加以襯托，使得鼻相趨於完美。

再者，一定要避免漏財的面相發生，例如過長的鼻毛與不正的牙齒。由於鼻毛代表財運，一旦鼻毛太長則會漏財，建議定期修剪鼻毛。最後，齒縫過大跟手指縫過大的意思一樣，都代表了「漏財」。因此，非常建議進行牙齒矯正，不僅有助於美觀，也可改善財運並有益健康。

至於想要買房子、購置不動產的美眉們，建議可以藉由化妝增補運勢。化妝時的重點在於屬於「田宅宮」的眼皮部位，必須以黃色的明亮色彩為主，避免黑青色的彩妝。最後，要保持雙唇紅潤及笑口常開。如此，也有助偏財運進門。

彩妝設計

整體妝容感覺要明亮。其中，眉毛長度一定要超過眼睛。如果眉毛不夠長或不夠濃，則用棕色眉筆補足長度及濃度。其次，「眼神」在財運中的重要性也很高，因為明亮的眼神，才能帶來較佳的財運。

眼影的顏色挑選可帶來財運的金色，同時運用在下眼影。之後再用黑色眼線筆描繪眼線，並在眼尾時稍微拉長。如果有黑眼圈，一定要用遮瑕品化解，以免影響財運。T字部位（特別是額頭的「事業宮」與鼻子的「財帛宮」）和顴骨則應打亮。

至於美眉的嘴唇，可塗上帶點光澤感，或金色的唇膏或唇蜜。在畫唇時，一定要注意唇形要端正，也要畫出明顯的唇峰稜線，並且加厚唇形，才能具有豐衣足食、財運暢旺的效果。

2　提升「好姻緣」的彩妝技巧

如果美眉想要嫁入豪門當好命女，一定要保持夫妻宮部位沒有疤痕、長痘痘等瑕疵，才有利於感情運的發展。例如，可以透過化妝，盡量蓋掉不良的斑、痣及疤，或是透過微整形去除，以尋得好情緣。平日的頭髮，盡量不要蓋住夫妻宮，以免情緣不明朗。

由於眉毛代表一個人的人際關係與桃花運勢，因此，如果嫌天生眉相不夠完美（例如眉毛一高一低、太粗、太細或形狀不夠完美等），也可以定期修眉、紋眉，或用眉筆畫眉來預防或修飾，平日最好也常用水清洗眉毛，使其服貼；或是拔掉眉頭向上的眉毛，讓印堂更寬一些。如此一來，才有助於帶來美滿幸福的愛情及婚姻。此外，經常微笑不僅能提升人緣，也能招來好姻緣。

假設美眉想要早日找到「Mr. Right」攜手一生，也可以善用彩妝的開運方法。例如，在印堂和眼尾的地方，輕撲一點點腮紅餘粉；假設是已經有對象的美眉，可以利用這個方法，不但能夠增進彼此的感情，也能讓對方很快地提出求婚。

古人有句俗話說「喜上眉梢」，因此，美眉如果想要「喜事臨門」，不妨從眉毛開始著手。除了經常修眉之外，最好用咖啡色眉筆來描繪眉形；甚至，也可以在眉毛上刷些亮粉，或在眉峰後面三分之一的位置，上一點淺的紫色眼影，保證讓妳立刻眉飛色舞、滿面春風。

最後，如果想成為能夠幫夫的賢內助，建議美眉們一定要定期修整眉形、去除雜毛，絕對有助於提升運勢。其次，如果齒相凌亂，不妨適度矯正，能在提升自信心的同時，也為自己帶來好運。此外，時時笑臉迎人，多給身邊人讚美與肯定，能為自己及周遭的人帶來好運。

002 彩妝設計

眉毛以柔和的新月眉或柳葉眉為佳。當眉形不佳時，可用修眉刀進行修飾。由於眉尾代表「夫財子祿」，會同時影響婚姻與財運，因此修飾後的眉毛，一定要長過眼睛、眉峰也要具有圓弧感，且絕不能過於稀疏。在畫眉毛時，最好選用柔和的栗棕色眉筆。

此外，由於眼睛是一個人的「情緣宮」，眼神不可以黯淡無神，可先選用深紫色眼影，用漸層的手法，讓眼神更加柔和與立體。之後，再用眼線筆，將眼睛稍微拉長一些，並且表現出「三分嫵媚」。

還有，為了讓嫵媚的氣色從皮膚底層自然透出，美眉們可選用自然的粉紅色腮紅，同時也點在耳垂及太陽穴（夫妻宮）的位置，幫自己增添桃花運勢。特別要注意保持夫妻宮（眼尾附近）部位明亮，因此，可以用比膚色淺的粉底乳，或是遮瑕膏、橘色修飾乳，讓夫妻宮部位顯得較為飽滿，並且遮掉痘疤或青筋。

至於唇部彩妝，則宜稍微偏紅，但以粉潤色為主，例如粉紅、粉橘、粉桃色等，雙唇可運用接近正紅色的唇彩，創造嫵媚性感的女人味。另外，可用玫瑰色調的唇線筆，畫出完美的唇形，並且將唇形畫得稍微豐厚圓潤一些，並且保持嘴角的上揚。

3　提升「事業運」的彩妝技巧

由於額頭與事業運勢相關，建議平常應將瀏海撥開並露出額頭，同時可以透過化妝技巧（拔除眉間的眉毛；若有痣或斑點，一定要遮瑕膏徹底掩蓋）及打亮（打上白色亮粉）的方法，保持額頭與印堂的光潤明亮，這樣一來，不但運氣會跟著好轉，也有助於增強事業的運勢。

其次，顴骨代表一個人的權力掌握。因此，顴骨不明顯的美眉，就可以多利用腮紅來修飾。例如，擦上粉紅色腮紅能增進人際關係，橘色腮紅則可營造專業形象。當然，多微笑不僅能夠廣結善緣，有助提升人際關係，創業成功的機會也更大。

最後，氣色固然表現著先天的命運，但也容易受到後天的影響，例如酗酒、熬夜、脾氣不好等，都可能使一個人因為氣色敗壞而招來壞運。所以，想要擁有好氣色與運氣的美眉們，千萬要注意生活睡眠正常、飲食清淡，並且將心性修養好、積極行善。如此一來，臉上也會出現光潔平和的氣色，招來貴人並帶來好運。

彩妝設計

當美眉想要成為開創事業的女強人，最適合強調眼神和自信的妝容。可運用大地色系，例如褐色、咖啡色等，做為色彩的選擇。再用深咖啡色的眉筆，將眉峰略微挑高，以便展現出創業者的自信心與威嚴。

雖然女強人在事業上擁有一片天，但為了兼顧事業與家庭，夫妻宮部位也應該保持好氣色。因此，要善用化妝技巧，讓凹陷或有疤痕的事業宮（額頭）與夫妻宮（太陽穴）顯得飽滿光亮。假設這兩個部位過於狹窄，則可以將髮際剃高或剃寬一些。

另一個成為女強人的彩妝開運重點，則是透過強調眼線、睫毛和眼影，展現個人的威嚴和自信。但要記得，美眉的唇妝不宜太紅豔，且畫腮紅時，可以透過斜刷的角度，來修飾個人的臉型。臉型較長的人，斜度可以小一些（由耳際刷經顴骨，再到鼻翼）；臉型短的人，斜度可以大些（由耳際經顴骨到嘴角）。唯一要注意的是：顴骨已經很明顯的美眉，就不要再特意強調，以免給人太過於強悍的感覺。

五行人的開運化妝術

金、木、水、火、土等五行的觀念，可以說是貫穿整個中國面相、醫學、文化與生活的主軸。透過所謂「生剋順逆」(順向相生、逆向相剋)的概念，即「金生水、水生木、木生火、火生土、土生金」是前後相生的循環，「金剋木、木剋土、土剋水、水剋火、火剋金」是前後相剋的循環，衍生出有助運勢發展的整套「五行生剋色彩宜忌」理論。以下要介紹的「五形開運化妝術」，就是按照這套邏輯，所發展出來的一套彩妝畫法。

001 木形人開運色彩與化妝重點

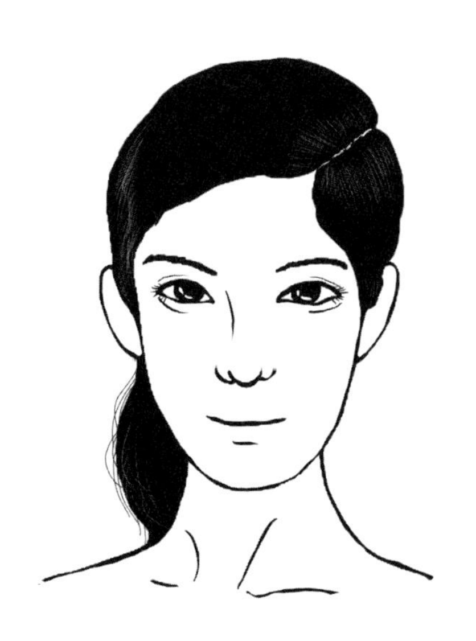

臉型特徵

臉型瘦長、額頭高，但兩眉、兩眼距離較近、鼻子較長。

幸運色彩

青綠色系，包括綠、碧綠、青綠、粉綠、草綠、檸檬綠、橄欖綠，藍綠、湖綠等。

禁忌色彩

避免大量使用白、銀或金色。

臉型修飾

❶ **深色修容：**以深色粉底或修容餅、蜜粉，來淡化過高的額頭，以及下巴太突出的部分。

❷ **淺色修容：**以淺色粉底或修容餅、蜜粉，修飾眼袋到眼角下方，並進一步延伸到顴骨與髮際的部位。

眉毛

主要是配合眼形的大小，眉形以平直為主，千萬不要畫得太粗，也不能太細，更不要畫成挑高眉，反而更加拉長了臉型。眉尾部分可以再拉長一些，以便讓臉型看起來更為圓潤。

眼部

可擦上淡綠或淡黃色的眼影，至於眼線部分，則可以採用黑或咖啡色的眼線筆或眼線液，並在畫到眼尾時，以水平的方式向後拉長。

腮紅

以大腮紅刷沾取適量腮紅，以水平的方式刷在顴骨處即可。

唇部

如果是下巴瘦長的美眉，應該要避免使用粉質或顏色太深的唇膏，應該採用具有光澤感的唇膏或唇彩，創造出豐厚感的雙唇。而在描唇線時，可以比原本的唇形還要大一些，但要避免過於明顯的唇峰。

T 字部

為了避免拉長木形人的長臉，不要在 T 字部位整個刷上白色亮粉。可以在鼻頭處，以畫圈圈的方式打亮，以加強財庫的力量。

002 火形人開運色彩與化妝重點

臉型特徵

臉型呈倒三角形，額頭寬、顴骨明顯、下巴較窄。假設臉型呈現菱形時，臉部的稜角會顯得非常明顯。

幸運色彩

紅色系，例如粉紅、橘紅、磚紅、大紅、暗紅、珊瑚紅、紫紅等。

禁忌色彩

不宜大量使用深藍及深灰色。

臉型修飾

❶ **深色修容：**先使用比膚色再深一點的粉底或修容餅、蜜粉，來修飾額頭兩側，以便讓三角形臉的額頭看起來不會過寬。在尖下巴部分，可以用深色修容產品減輕過尖的感覺。如果是顴骨過寬的菱形臉，則可用粉底、修容餅或蜜粉，由顴骨最凸出的地方，由外往內刷。

❷ **淺色修容：**用比膚色淺一號的粉底或修容餅、蜜粉，將三角形臉較為狹窄的兩邊下顎打亮，以增加厚實感；或是修飾菱形臉的上額與下顎、下巴兩側。

眉毛

平直並略帶圓弧的眉形，最適合三角形的火形人，而且要避免畫成一字眉，或有明顯角度的眉形。此外，眉毛不要畫得太長，以免讓過寬的額頭更加明顯；但如果是菱形的火形人，在圓弧度不變之下，眉毛要畫得比眼睛稍長一些，且避免出現挑高及有角度的眉峰。

眼部

建議採用粉紅色系眼影，營造出低調奢華的妝感，並以眼線筆或眼線液，描繪出自然細長的眼形，再利用睫毛膏與睫毛夾，塑造出濃密捲翹的睫毛。

腮紅

粉色腮紅可營造出火形人健康與青春的氣息，可用腮紅刷由顴骨方向往內橫刷。記得腮紅的位置要略高，且不要刷得過長，以免又刻意突顯火形人過寬的上額，與過窄的下顎。

唇部

下唇不宜太寬，讓嘴角與下唇中央，保持一定的圓弧形，以修飾過窄的下顎。此外，也要避免使用過深的唇色，應該使用顏色較柔和的口紅，以免使三角形臉的下巴看起來更為內縮。

T 字部

為了避免額頭看起來更寬，只要把三角形臉的鼻樑及鼻頭打亮即可，千萬不要將整個 T 字部位都打亮；但如果是菱形臉，要特別以畫圈圈的方式，將鼻頭打亮。

003 土形人開運色彩與化妝重點

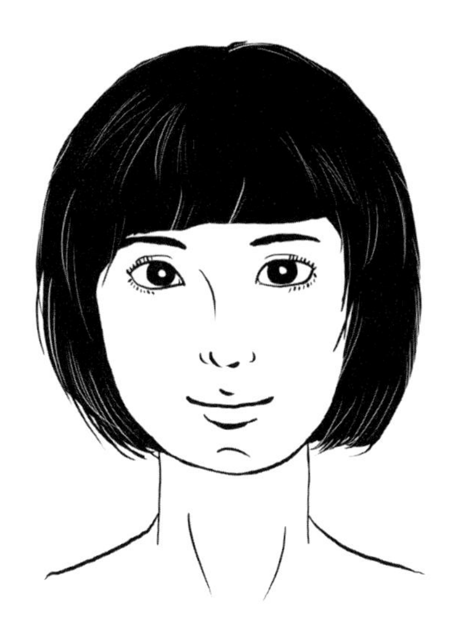

臉型特徵

方中帶圓，臉部骨肉勻稱，額頭、下巴及兩頰都有厚實感。

幸運色彩

黃色系與大地色系，包括米、黃、駝、卡其、琥珀、深棕、淺棕等。

禁忌色彩

避免大量使用綠、墨綠或青綠色。

臉型修飾

❶ **深色修容：**以深色粉底或修容餅、蜜粉，修飾下顎兩側。

❷ **淺色修容：**用淺色粉底或修容餅、蜜粉，修飾具厚實感的額頭兩側。

眉毛

兩眉之間一定要保持一指半至兩指寬的距離，眉毛則可畫成挑高且略帶圓弧形的眉形，以便讓過於方闊的臉型，看起來較為柔和一些。

眼部

選擇大地色的眼影，採用漸層式或兩段式的畫法，或是在眼尾刷上少許桃紅色，以增添好的人緣及桃花緣。再用眼線筆或眼線液，將上眼線的眼尾稍微拉長，呈現出細長的眼形。

腮紅

用自然紅潤的腮紅，營造出土形人的好氣色，方向是由顴骨開始，往嘴角方向刷成狹長形狀。

唇部

最適合土形人的唇彩是粉橘、嫩膚紅、淺紅棕色，但記得避免畫出太過尖銳的唇峰，下唇則以自然的圓弧形為主，以便讓唇形成為可提升人際關係、執行力與自信心的上揚嘴形。

T 字部

將包含額頭、鼻樑、鼻頭的整個 T 字部位打亮，能夠讓臉型和五官變得更立體，且能帶來更多好運及財富。

004 金形人開運色彩與化妝重點

臉型特徵

臉部線條剛硬、缺乏柔和感，上額與下顎同寬、臉型與鼻子都短、兩側腮骨較為突出，且下顎呈現方形。

幸運色彩

純白、乳白、銀白或明度較高的金色。

禁忌色彩

切忌大量使用大紅、橘紅或紫紅色系。

臉型修飾

❶ **深色修容：**用深色粉底或修容餅、蜜粉，從額頭兩邊往髮際處。

❷ **淺色修容：**用淺色粉底或修容餅、蜜粉，刷在下眼瞼及顴骨上（由顴骨往太陽穴方向刷），以突顯臉部的立體感。

眉毛

因為金形人的臉部線條較不柔和，所以應避免畫出角度明顯的眉形，而要讓眉形稍微向上揚。另外，眉毛千萬別畫太細，並且以「眉頭淺、眉尾深」的原則，讓兩眉之間的距離拉長，進而產生拉長臉型的效果。

眼部

選擇自然米色或淺棕、藕色眼影，並且善用眼線筆或眼線液，刻意將眼尾向外拉長，並呈細長形。

腮紅

採用玫瑰色或淺粉色的腮紅，先在顴骨處畫圈圈，並且往太陽穴的方向，有弧度地斜刷，避免出現線條感，以免突顯金形人臉的剛硬感。

唇部

應該避免出現嘴唇下垂、太尖銳或太豐厚的唇峰，記得善用淺粉紅或玫瑰色的唇彩，讓嘴角保持稍微上揚的微笑狀。

T 字部

將額頭、鼻樑打亮，鼻頭則以畫圓圈的方式打亮，不但能讓五官更為立體，也有照亮財庫的效果。

005 水形人開運色彩與化妝重點

臉型特徵

臉型圓、短且豐腴、兩眼較為分開。

幸運色彩

黑、深灰、深紫、深藍、水藍、粉藍等。

禁忌色彩

避免大量使用咖啡色、土黃色或卡其色。

臉型修飾

❶ **深色修容：**用深色粉底或修容餅、蜜粉，將過圓的額頭、兩腮與下巴修平，並且修飾鼻翼兩側，將鼻形拉長。

❷ **淺色修容：**用淺色粉底或修容餅、蜜粉，修飾並打亮T字部位、下巴、眼袋及顴骨，以塑造出立體感。

眉毛

特別在眉尾四分之三處稍微挑高，並向下拉長，既能營造出時尚感，也能修飾過圓的臉型，避免畫出圓形眉、一字眉或柳葉眉。

眼部

顏色以淺藍色最佳，可在眼尾處稍微往上及往後拉長，以呈現出立體感。

腮紅

以自然色調的紅色，由顴骨下方向太陽穴斜刷的方式，讓臉型看來較長。

唇部

選用淡紅色調的唇彩，並刻意突顯出唇峰，且下唇避免畫得太圓，以免讓臉型看來更圓。

T 字部

從整個額頭、鼻樑到鼻頭的 T 字部位打亮（若臉型太圓，則要避開鼻頭部位），可讓臉型看起來更加立體。

資料來源：彙整自《五彩五官開運彩妝》p.18-53

開心一下 天使送的小禮物~

哥哥看到弟弟身上的大胎記，

哥哥問媽媽　：「媽媽，弟弟身上為什麼有這麼大的胎記？」
媽媽跟哥哥說：「這是弟弟要來媽媽家之前，天使幫弟弟做的記號，好讓媽媽一眼就可以認得他是媽媽的孩子。」

哥哥看看自己，又跑去看妹妹，

結果跑來跟媽媽說：「妹妹一點胎記都沒有，應該是別人家的孩子，趕快趕她出去好了，嘻嘻！」

——陳玲儀、廖紹遠 提供

微整形修出好運臉

從面相學的角度來看，不論是皮膚上的紋路或斑痣痘疤，甚至是不同部位（例如五官或十二宮）的缺陷，都與一個人的各種運勢息息相關。因此，藉由不同微整形或整形的方法，來修飾或改善臉部的缺陷，便成為許多美眉們心中最大的希望。

了解臉型與五官的缺點

在真正進入輪廓微整形或整形之前，每一位有興趣的美眉們，最好先檢視一下自己臉型的優缺點。為了變美，前面提到的各個部位（眼、鼻、唇形）固然重要，但是臉部整體輪廓更為重要。即便是相同的眼、鼻、唇形，但隨著不同的臉型與輪廓改變，呈現出來的感覺也會截然不同。

一般來說，臉型可以藉由髮型與彩妝的變化，做暫時性的修飾與改善；當然也可以藉由微整形與整形手術，進行永久性的改變。前者（透過髮型與彩妝改變）的優點是不具侵入性，且可以用很便宜的成本進行，但缺點是「不具永久性」；甚至，也不能達到完美的修飾效果。

至於後者（微整形與整形手術），雖然可以透過醫療技術，讓臉型及五官徹底改善。只不過，由於需要一定的成本、手術風險及「預期與實際間存在的落差」問題。所以，對自己的五官與臉型不甚滿意的美眉們，在正式進行微整形或整形手術之前，一定要正確掌握自己的臉型，了解缺點是什麼，哪個部位需要特別突顯。

接下來，讓我們透過幾個重要的檢視表，來了解自己的長相特點。

首先，從臉型開始。記得將所有的頭髮梳往腦後，全部綁起來，才能正確檢視。

接著，在沒有上妝的情況下，透過鏡子來仔細端視自己的眼睛。了解哪個部位需要修飾，哪個部位需要突顯出來。當然，在確認眼睛的長相時，除了近距離端詳之外，也要隔一段距離查看眼部的整體感覺。

雖然在一個人的臉上，占據最大比例的是眼睛，且鼻子並不像眼睛或嘴巴，可以產生任何表情或動作，但是鼻子位於臉部的正中央，其長相攸關一個人的形象。所以，只要鼻子長得美，整個臉部就會顯得清爽而協調。

此外，在臉部中，嘴唇恐怕是最常活動且是表情最多的部位。所以在整體印象上，它也扮演著十分重要的角色。

表5-1

臉型、眼形、鼻子與嘴唇檢視表

臉型

❶ 整體而言，臉型	偏圓□	偏長□	稜角分明□
❷ 額頭	飽滿□	扁平□	
❸ 顴骨	凸出□	一般□	
❹ 臉頰	豐滿□	瘦削□	
❺ 髮際線	圓而美□	不平整□	
❻ 下巴	接近戽斗型□	下巴略短□	

眼形

❶ 雙眼皮	有□	無□
❷ 整體而言，眼睛大小	大□	小□
❸ 眼形屬於	圓型□	細長型□
❹ 眼部橫向長度	偏短□	偏長□
❺ 內眼角贅皮	有□	無□
❻ 臥蠶	有□	無□
❼ 眼尾	下垂□	上揚□
❽ 兩眼距離	寬□	窄□

表❺-❶

臉型、眼形、鼻子與嘴唇檢視表

鼻子

❶ 鼻子長度	長□	短□
❷ 鼻樑	高□	低□
❸ 鼻子寬度	寬□	窄□
❹ 鼻翼	寬□	窄□
❺ 鷹勾鼻	有□	無□

嘴唇

❶ 唇形	偏大□	偏小□
❷ 嘴唇	偏厚□	偏薄□
❸ 唇線	明顯□	模糊□
❹ 嘴角	上揚□	下垂□
❺ 唇紋	偏多□	偏少□

資料來源：《微整形化妝術》p.101、p.118、p.125、p.130

微整形可以解決什麼問題？

簡單來說，所謂的「醫美」（醫學美容），就是利用專業的醫學儀器、針劑或高效護膚產品等，由專業的醫療人員執行的美容方式，達到立即淡斑、除皺、回春緊緻、縮小毛孔，甚至是改善臉部缺陷的「塑臉」功效。如果美眉們不想動大刀，想避免麻醉或是整形手術後不滿意就很難再改變的風險，微整形是一個不錯的選項。

001 微整形的醫學原理

簡單來說，微整形主要包括「換膚美容」、「雷射美容」、「電波音波拉皮」及「針劑注射」等，而其所依據的醫學原理，以及適合處理的皮膚問題也各有差異。

換膚美容

「換膚」顧名思義，是透過藥物導致表皮非常態性的脫落，從而使具有再生功能的皮膚，重新長出一層新的皮膚。在談及皮膚治療方式時，所指的大部分為「生化換膚」，例如葉酸換膚、果酸換膚、三氯醋酸（TCA）換膚等。換膚效果也分為淺層、中層及深層，有使皮膚年輕、除疤、除斑及改善青春痘等效果。

雷射美容

雷射光是一種聚集高能量的光束，能在極短的時間內，放出高能量、產生熱作用，破壞皮膚的特定部位，又不會傷害到周圍的組織。因此，可以選擇性地破壞想重生的部位，並保護其他正常皮膚的結構完好。雷射不是輻射或放射線，不會使細胞產生突變或致癌。雷射依波長和輸出功率不同，可分為許多種類。但大致上來說，原理都是一樣的，都是藉由雷射破壞局部皮膚，把色斑或老舊的組織除去，同時可破壞到真皮組織，以刺激皮膚重新生長及膠原蛋白的再生，使皮膚看起來年輕水嫩。

電波與音波拉皮

電波與音波拉皮是兩種不同的微整形美容方式，「電波拉皮」是利用熱能作用在皮下組織，刺激膠原蛋白增生而達到緊緻效果；至於「音波拉皮」則是使用高能量的超音波，直接作用並刺激在皮下組織，以及皮下更深層的肌肉筋膜系統（也就是俗稱的「筋膜層」），以便讓肌膚產生緊實感。

不論是電波或音波拉皮，都是採取「不動刀」的方式，所以優點是「不會產生表皮傷口」，當然就不用像動整形手術一樣，需要術後的傷口處理。如果是最新式的「極線音波拉皮」，它的效果幾乎可以媲美傳統的拉皮手術。

但這兩者都有缺點。以「電波拉皮」為例，雖然現今的儀器設計已有大幅的改善，但施打過程中會產生的灼熱感（新式極線音波拉皮約 65~70°C）與疼痛感，會讓很多怕痛的美眉怯步，而且效果若要達到「最佳狀態」，一般是在治療後的 6 個月內逐漸顯現。

此外，不管是電波或音波拉皮，除了最新式的極線音波拉皮外，其他的效果都不如動刀的拉皮整形手術來得明顯。也就是說，如果皮膚已經呈現「非常鬆弛」的狀態，不論是透過電波或音波拉皮，都不如直接用拉皮手術來得明顯、有效。而且音波拉皮的價格也「較不親民」，特別是極線音波拉皮，因為是最新型的治療方式，是所有音波拉皮中價格最高的。

針劑注射

現在可注射入皮膚的填充物很多，有膠原蛋白、玻尿酸、微晶瓷（晶亮瓷）、3D 聚左旋乳酸、洢蓮絲等。每種產品都有其特性，如分子大小、持續性、延展性、可塑性等都不同，並與施打的部位息息相關。例如，分子的大小與施打的皮膚深度有關，也跟想要改善的部位有關。正確做法應該是先確認想改善的部位，並與醫師進行討論，以利醫師透過專業判斷，建議施打何種填充物。

002 各種微整形項目所解決的皮膚問題

換膚美容

使皮膚年輕、除疤、除斑、改善青春痘。

雷射美容

使皮膚看起來年輕水嫩。

電波及音波拉皮

使皮膚看起來緊緻、有彈性，去除臉上細小紋路或木偶紋、法令紋等。

施打肉毒桿菌素

除皺緊緻，讓細紋消失、瘦臉、修飾眉形、消除蘿蔔腿。

改善因動作所產生的皺紋，也就是所謂的「動態紋」，像是皺眉紋（眉間紋）、抬頭紋、魚尾紋（貓爪紋）等；此外，也可以縮小大塊肌肉（例如改善國字臉），以及改善小肌肉肥厚的問題，例如改善過大的鼻孔，將蒜頭鼻變得較為堅挺。

注射玻尿酸、膠原蛋白、3D 聚左旋乳酸、洢蓮絲

改善各式皮膚鬆弛及膚質問題。

除了填補靜態皺眉紋、抬頭紋及魚尾紋外，也可用在隆鼻、豐下巴、豐唇、淚溝、眼袋、太陽穴、豐頰、法令紋、木偶紋等，讓臉部線條變得立體、皮膚變得光滑。

微晶瓷（晶亮瓷）

改善鼻樑、山根、下巴。

適合需要高支撐力的部位，例如法令紋、蘋果肌、太陽穴凹陷、凹陷性疤痘，以及用於山根、鼻頭、下巴等部位的輪廓雕塑。

美白針

具有迅速且均勻的全身美白效果，能夠去除皺紋、增加皮膚彈性、收縮毛孔及淡化色素等。對於抗衰老、解毒、安定神經、舒緩焦慮等，也有不錯的功效，還有增強身體免疫力、抗病毒、防感冒等作用。

表5-2
解決各種皮膚問題的微整形術

痘斑 疤痕

問題 因黑色素形成的各種斑點

對應微整形 脈衝光

功效 除皺、除斑、緊緻肌膚等。

療程與效果

如果醫師評估斑點是淺層型，通常在進行 1~2 次的治療後，就可以看到明顯改善。如果不是淺層斑點，又希望可以快速除斑，恐怕就要考慮其他的雷射方式。

假設美眉們的目標需求，是除了淡斑外，還要再縮小毛孔、緊緻肌膚，建議至少進行 5~6 次連續治療，才會有顯著的效果。

問題 雀斑、毛孔粗大、暗沉肌膚

對應微整形 淨膚雷射

功效 縮小毛孔、促進膠原蛋白增生、淡疤淡斑，以及調節肌膚油脂分泌。

表5-2

解決各種皮膚問題的微整形術

痘斑 疤痕

療程與效果

透過雷射除去斑點的次數，大約會落在 5 次上下。如果想要在 1~2 次內完全去除，雖然費用較低，但要小心皮膚承受的傷害與風險較高，必須仔細評估思考。
每次雷射的間隔時間，比較安全保守的做法是建議至少間隔 1 個月。讓皮膚經過 28 天的代謝期之後，才能獲得完整的休息與修護。

問題 痘疤、疤痕（青春痘疤痕）

對應微整形 飛梭雷射

功效 刺激纖維母細胞與膠原蛋白增生，除痘疤、疤痕、縮小毛孔等。

療程與效果

雷射傷口大部分會在 1 週內結痂，再 1 週後開始脫落。至於要打幾次或隔多久打一次，則要個別請教醫師，由有經驗的專業醫師判斷。

問題 淺層斑、痣、疣（曬斑、老人斑、雀斑）

對應微整形 鉺雅鉻雷射

功效 表層肌膚吸收雷射後汽化，去除多餘皮膚組織與淡層斑；皮膚新生、膠原蛋白再生等。

療程與效果

痣的大小、深淺、部位以及是否有病變的可能，都會影響治療的方式；雷射的次數，也會因為痣的大小、深淺而有所不同。
比較淺的痣，通常需要 1~2 次的雷射；比較深的痣，可能需要 3~5 次的雷射
醫師通常不建議一次就除乾淨，因為較深的痣如果要一次就徹底去除，傷口必然很深，不僅癒合較慢，也可能造成凹洞，更易留下疤痕。

表5-2

解決各種皮膚問題的微整形術

痘斑疤痕

問題 血管瘤、曬斑、凸出疤痕

對應微整形 染料雷射

功效 除去多餘細小微血管、改善凸起疤痕，以及蜘蛛網血管瘤、靜脈曲張等。

療程與效果

一般來說，臉部細小的微血管增生，大約在治療 1~2 次之後，就會有明顯的改善。如果是凸起的疤痕，則要看實際狀況，一般療程從 1~5 次都有可能。

問題 肌膚暗沉、精神不濟、新陳代謝不佳

對應微整形 美白針

功效 加強細胞的新陳代謝，抑制黑色素生成並美白肌膚。

療程與效果

有立竿見影的美白效果，但它是短暫的效果，所以只適合在重要時刻急用，也不要太常打美白針劑。

紋路肌肉與輪廓

問題 臉部鬆弛、眼周皺紋、眼角下垂、眼袋、淚溝

對應微整形 電波拉皮

功效 利用電波加熱以刺激肌膚深層組織，促進纖維蛋白收縮、緊緻肌膚。

療程與效果

由於皮膚底層的膠原蛋白會逐漸增生，所以在治療後 6 個月的效果最為顯著。

表5-2

解決各種皮膚問題的微整形術

紋路肌肉與輪廓

問題 臉部鬆弛、臉頰鬆弛、眼皮鬆弛等。

對應微整形 音波拉皮

功效 以聚焦式高能量直接作用在肌膚的真皮層與筋膜層，進一步刺激膠原蛋白增生與重組，以達到拉提的效果。

療程與效果

一般施打 1~2 次，就會有明顯的改善，但是還要請醫師針對個人狀況評估。效果維持的時間（1~2 年），需要看個人平常的保養習慣及實際年齡。因此，可以請醫師做整體性的評估。

問題 臉部脂肪不足的凹陷，如太陽穴、臉頰、淚溝、法令紋等。

對應微整形 玻尿酸、膠原蛋白、淨蓮絲

功效 填充各種凹陷部位，達到回春；增高鼻子、拉長下巴、改變輪廓深度。

療程與效果

由於玻尿酸的分子有大小之分，建議在不同部位使用不同的分子來填充。一般臨床使用是將大分子做為基底支架；表面細紋或是皮膚較薄的位置，則用小分子來修飾，讓表面看起來平整一些。

雖然小分子可以讓皮膚修得平整，但缺點是吸收快，效果可能不到一年半載就會消失了。以豐唇為例，施打玻尿酸的效果，時間大約維持 3~6 個月左右。

問題 抬頭紋、眉間紋、魚尾紋、國字臉

對應微整形 肉毒桿菌

功效 撫平動態與靜態紋路，改善咀嚼肌發達的臉部線條。

表5-2
解決各種皮膚問題的微整形術

紋路 肌肉 與 輪廓

療程與效果

每個部位施打肉毒桿菌之後，發揮作用的時間都不太一樣。以臉部動態細紋來說，抬頭紋、眉間紋、眼角魚尾紋等表情紋，大概 5~7 天後開始產生明顯的效果。而臉部較大的肌肉，像是咀嚼肌，大概要 2~4 週，通常在施打 2 個月後是最佳的效果。

整體來說，較小的肌肉，如眼尾與抬頭紋，以及大笑會露出牙齦的陽婆婆紋（嘴唇四周出現幾條淺淺的垂直紋路），施打肉毒桿菌維持的時間大約是 3~6 個月。而臉部咀嚼肌的肌肉，通常可以維持大約半年，但是施打幾次後，由於肌肉的反應會逐漸降低，維持時間可以慢慢地拉長。

問題 臉部膚質或凹陷

對應微整形 3D 具左旋乳酸

功效 刺激自體膠原蛋白增生，達到澎潤的回春效果。

療程長短、每次間隔及效果維持

通常施打一次就會有一定的效果，但還是建議施打一整個療程。依個人臉部凹陷狀況程度不同，通常需要施打 3~6 次，才比較能達到完美的效果。

資料來源：彙整自《醫美小心機》p.40-111

熱門微整形 Top14

接下來，介紹目前最熱門的 14 種微整形手法，以及相關不適應症、副作用，術前、術後的應注意事項，供美眉們參考。

1 化學換膚

現在醫院使用的化學換膚以「甘醇酸」（果酸的一種）為主，具有安全無毒性、副作用低、術後護理簡單、過程安全快速的優點，是目前全世界使用最多的淺層換膚試劑。

在淺層換膚中，又有所謂的「非常淺層換膚」，也就是作用深度只局限在「表皮層內」的一種換膚術。目前一般民眾常聽到，且使用最為廣泛的「果酸換膚」，就屬於這一種。

果酸能夠幫助皮膚去除堆積在外層的老化角質、加速皮膚更新，並且能夠促使真皮層內的彈性纖維蛋白、膠原蛋白與玻尿酸的增生，幫助改善青春痘、黑斑、皺紋、乾燥、粗糙等問題皮膚。

果酸換膚的作用包括：改善青春痘、粉刺，改善表淺性面皰疤痕，細緻皮膚表層，調理油脂分泌，淡化臉部細紋、黑斑、老人斑，改善角化症、厚皮、毛細孔角化現象，以及改善受陽光傷害的粗糙皮膚。

目前醫界最常使用的化學換膚成分是甘醇酸，而杏仁酸的使用也相當普遍。除此之外，還有乳酸、蘋果酸、酒石酸與檸檬酸等使用成分。

001 適應症

❶ 改善青春痘，包括發炎性丘疹及粉刺。
❷ 改善臉部細紋，使皮膚表層細緻。
❸ 美白全臉、改善暗沉、淡化斑點。
❹ 改善疤痕、毛細孔粗大、黑斑及發炎後色素沉著。
❺ 改善皮膚的角化，包括頸部、胸部、手臂的細微皺紋等，抑制角化症的復發。
❻ 改善受陽光傷害的粗糙皮膚。
❼ 調理皮膚的油脂分泌。

002 不適應症

❶ 無法做好充分防曬者，化學換膚會使皮膚表層剝離，當曝曬在日光下時，容易出現色素沉著的狀況。
❷ 感染單純疱疹等病症者，化學換膚有可能誘發發病，讓治癒時間拉長。

❸ 外傷、手術、放射線治療後，以及濕疹、感染症等，必須等皮膚狀態恢復正常後再施行。

❹ 有免疫不全的情形者，有可能增加感染機會。

❺ 有蟹足腫體質者，可能會產生肥厚性疤痕組織。

❻ 對於化學換膚的解說有理解困難的人，其術後照顧可能會發生問題。

❼ 對於治療結果過度期待的人，誤以為化學換膚將可使毛細孔、皺紋、痘疤等「完全消失」。

003 術前注意事項

果酸換膚前 1 週必須禁止以下行為：做臉或臉部美容、使用磨砂膏、塗抹 A 酸產品或口服 A 酸、過度曝曬陽光、染燙髮。

004 術後注意事項

❶ 最重要的就是「防曬」，要隨時擦上有防曬係數的隔離霜，並盡量減少外出。若一定要外出，則要戴上遮陽帽或撐傘。

❷ 換膚後如果有粉刺增加的情形，是因為老化廢角質的除去，再加上收縮毛孔與皮膚緊繃之下所造成的，這是正常現象。可利用此時增加更新療程，皮膚自然會回歸細緻淨白。

❸ 換膚後臉部會出現緊繃感，並有 3 天左右的局部脫皮現象，這是正常的換膚過程。此時，保濕是很重要的保養工作，可以透過玻尿酸、多胜肽、修護霜等保濕產品或保濕導入課程。

❹ 換膚後要停用具脫皮或去角質效果的保養品或藥物，像是 A 酸、水楊酸、果酸或磨砂膏等。

❺ 換膚後 3 天內，避免任何增加皮膚受到刺激或感染的機會，最好避免任何游泳、洗溫泉或三溫暖的活動。

2　光療美容——脈衝光

原理是利用波長 500~1200 奈米（nm）的強光，照射在想要治療的皮膚部位。當不同波長的光線被特定人體組織吸收，並且轉換成熱能後，得以在不損傷正常皮膚的前提下，去除各種皮膚問題，並且能夠對該部位產生改善的效果。

脈衝光主要用於淡化斑點、去除毛髮、平整細紋、緊緻毛孔、疤痕修護、去除微血管擴張等問題。在此同時，可以刺激皮膚膠原組織增生、恢復皮膚彈性，使皮膚質地得到整體的提升，重新發散出健康的風采。它提供安全、非介入的方法，能適應不同的肌膚狀態。這種無傷口性的治療方法，可以讓被治療者立即上班及上妝，享受正常的社交生活。

001 不適應症

❶ 懷孕。

❷ 過敏發炎中的肌膚。

❸ 有進行性細菌或病毒感染的皮膚。

❹ 癌症部位或進行過癌症放射線治療過的部位。

❺ 使用對光敏感的藥物或近期使用過 A 酸，或是光敏感性皮膚、近日大量曝曬陽光者，不能馬上進行治療。

❻ 紅斑性狼瘡或其他免疫系統異常者，也不適用此項治療。

以上最好經過醫師的評估後，再決定是否施打脈衝光。

002 副作用

當能量太高時，會有表皮灼傷並起水泡的情形，造成痊癒後的皮膚出現「反黑」現象。選擇有經驗的醫師可以避免這種副作用產生。

003 術前注意事項

❶ 治療前 1 週內，必須暫停使用 A 酸、果酸、磨砂膏去角質之類的護膚產品。

❷ 勿過度日曬或進行日光浴。

❸ 如果同時要做肉毒桿菌或玻尿酸注射，應該先做脈衝光治療，之後再做其他兩項治療。

004 術後注意事項

❶ 打脈衝光時，會暫時出現疼痛及紅熱現象，這時可以做局部冰敷數小時，上述現象就會消退。

❷ 打脈衝光後，皮膚表面的小斑點會變成咖啡色的痂。這時洗臉要特別小心，切勿用力磨擦。等到痂在 3 至 7 天內自然脫落後，就可以獲得較白的膚色。

❸ 假設打脈衝光是為了治療色素斑，由於色素斑與光束會產生治療作用，將造成暫時性的色素斑加深，以及結痂、脫皮等情形。這是暫時的現象，大約 1、2 週就會消失，只要做好防曬的工作，並不需要過度擔心。

❹ 加強保濕工作，而去角質與果酸產品至少要間隔 2 週以上再使用。

❺ 避免受到紫外線的照射，外出前 30 分鐘應擦 SPF 30 以上的防曬產品，並戴上遮陽帽或撐傘。

❻ 避免皮膚過熱，所以最好不要泡溫泉及洗三溫暖。

3 光療美容——光纖雷射

光纖雷射是以波長810奈米（nm）的雷射，崩解皮膚上的黑色素群，讓吞噬細胞易於清除，以便達到美白與色素淡化的效果。這是因為毛囊中的黑色素在吸收光纖雷射之後，可將毛根加熱燒除，並破壞毛囊的再生能力。所以，光纖雷射也具有「除毛」的效果。除此之外，它還可以活化纖維母細胞、刺激新生膠原蛋白，達到皮膚細緻與淡化的效果。

001 不適應症

❶ 最近剛曬黑者。
❷ 罹患癌症或正在治療癌症，並使用放射線照射皮膚的患者。
❸ 懷孕。
❹ 光敏感者。
❺ 膚色太深者可能會有灼傷的可能。
❻ 皮膚有進行性的病毒感染，例如疱疹病毒等。
❼ 皮膚有發炎現象者。

002 副作用

基本上，光纖雷射是安全且舒適度極高的治療，只要操作得當，並不會有什麼副作用。但如果操作能量太高，或是不熟悉儀器探頭，可能會有灼傷的風險。所以，一定要找有經驗，且非常了解儀器操作的醫師才行。

003 術前注意事項

❶ 建議同一部位治療4至5次，每次治療時間的間隔約3週，比較能夠感受到較佳的改善效果。

❷ 治療前需保持皮膚清潔。

❸ 治療部位在術後會有些微的泛紅，特別是微血管擴張的區域，看起來更為明顯，且色素斑周圍也會有泛紅的現象，這些都是正常的，不必驚慌。

❹ 不建議有過度日曬的人進行治療，因為容易產生類似燒傷的副作用，建議等皮膚修復之後再做治療。

004 術後注意事項

❶ 盡量避免過度日曬並做好防曬工作，並使用 SPF 30 以上的防曬品。

❷ 少部分接受治療的人在術後會覺得皮膚乾燥，此時，只需要加強保濕就可改善。最好在術後 1 週內，持續使用保濕面膜，或是保濕度佳的乳液。

❸ 術後 1 週內避免使用含酒精的刺激性保養品，例如美白或果酸保養品，並且避免使用過熱的水洗臉，或是洗三溫暖、泡溫泉或進烤箱。

❹ 一旦持續出現紅腫現象，可透過持續的冰敷，幫助紅腫消退。

❺ 治療部位如果有結痂產生，切勿用手去摳，最好等待 7 至 10 日之後，它會自然脫落。

4 換膚雷射——二氧化碳雷射（Carbon dioxide laser）

原理是因皮膚含大量水分，而這種波長 10600 奈米（nm）的雷射，會被水分所吸收，因此可以破壞表皮增生的病變，像是淺層表皮斑點（曬斑、雀斑）、汗管瘤、息肉、青春痘疤痕等皮膚病變。其主要功能在於，聚光時，可以蒸發及切割皮膚組織，卻不會造成流血；在散光時，可以蒸發、凝結組織，並利用其產生的熱效應來活化膠原蛋白，不僅可以消除臉上的皺紋及青春痘疤痕，也能夠用來除痣或去除皮膚上的良性小腫瘤。

001 不適應症

❶ 身上有疤痕增生或蟹足腫疾病患者。
❷ 全身紅斑性狼瘡患者。
❸ 光過敏者。
❹ 懷孕。
❺ 曾有接受放射線治療或化療者。
❻ 最近有受日光曝曬者。
❼ 最近有做臉、使用 A 酸或果酸護膚，或是接受雷射、脈衝光治療者。
❽ 有蕁麻疹、異位性皮膚炎、傷口、發炎、化膿的皮膚，不適合進行療程。
❾ 病患對於雷射美容存有不切實際期望者。

有以上現象時，一定要經由醫師評估後再做決定。

002 副作用

施打部位的皮膚會有發炎、感染、外傷、過敏、嚴重化膿性青春痘等不適現象。一般來說，較常見的是：紅腫、燒灼疼痛、結痂、皮膚乾燥、癢；不常見的是：反黑、麥粒腫、青春痘惡化、感染、永久性疤痕。

003 術前注意事項

❶ 口服 A 酸要先停用 3 個月後，再進行療程；如有使用 A 酸膏藥、退斑膏者，建議停用 1 個月後再治療。
❷ 治療前 3 至 4 週，應該避免雷射美容、磨皮、果酸換膚、去角質及挽臉。

❸ 治療前後的 1 週內要避免曝曬，並且在前 3 至 5 天內加強皮膚的保濕工作。

004 術後注意事項

❶ 表皮的新生會在治療後 24 小時內發生，治療後 8 至 12 小時後就可以洗臉、敷臉及上術後保養品。有些人會在術後的 3 至 7 天，出現微紅腫以及乾燥敏感的現象，此時盡量使用術後修護保養品，並等到改善後再上妝。

❷ 洗臉時，要選擇溫和不刺激的清潔用品，並且減少含顆粒的洗面乳或磨砂膏。

❸ 術後若有皮膚乾緊、脫皮或癢、長小疹子、粉刺等，只要加強保濕工作即可。

❹ 治療斑點、痘疤後，皮膚會有暫時性的反黑或結痂，這是正常現象、不用特別擔心。

❺ 術後 2 週內，不要去角質或使用刺激性保養品，像是含有酒精、左旋 C、果酸、水楊酸、杜鵑花酸，或其他酸性刺激性的產品。

❻ 術後 2 週內，減少使用蒸氣、烤箱、泡澡、陽光曝曬。建議使用冷水或溫水洗臉，以免造成皮膚的敏感。

❼ 術後要加強皮膚的保濕及防曬，並使用 SPF 30 以上的防曬產品，並且一天要擦多次。

❽ 建議 4 週後可以施打下一次療程，以加強效果。

5 換膚雷射——鉺雅克雷射（Er：YAG laser）

原理與二氧化碳雷射相同，但它對水分吸收的強度是二氧化碳雷射的16倍，所以，當它作用在皮膚上時，可以更充分地讓皮膚吸收其能量，精準地汽化表皮組織，降低熱效應的破壞。

此外，由於它的熱效應非常低，大約是二氧化碳雷射的1/10至1/13，所以它對皮膚的熱傷害更少、治療深度淺、疼痛度低，手術後發生副作用（發生紅斑與色素病變）的機會也比較小，恢復期較短。但因為熱效應低，對膠原蛋白的刺激較小，所以除皺及治療痘疤的效果稍差一些。目前最主要應用在去除臉上小皺紋、青春痘疤痕、痣、疣及斑點等。

001 不適應症

❶ 皮膚有發炎、外傷、過敏、嚴重化膿性青春痘等現象者。
❷ 身上有疤痕增生、蟹足腫、全身紅斑性狼瘡疾病患者。
❸ 光過敏者。
❹ 懷孕。
❺ 曾接受放射線治療或化療者。
❻ 最近有受日光曝曬者。
❼ 最近有做臉、使用A酸、果酸換膚或接受雷射、脈衝光治療者。
❽ 病患對於雷射美容存有不切實際期望者。

有以上現象時，一定要經由醫師評估後再做決定。

002 副作用

較常見的是：紅腫、燒灼疼痛、結痂、皮膚乾燥、癢。

不常見的是：反黑、麥粒腫、青春痘惡化、感染、永久性疤痕。

003 術前注意事項

❶ 口服 A 酸要先停用 3 個月後，再進行療程；如有使用 A 酸膏藥、退斑膏者，建議停用 1 個月後再治療。

❷ 治療前 3 至 4 週，應該避免雷射美容、磨皮、果酸換膚、去角質及挽臉。

❸ 治療前後 1 週內要避免曝曬，有擦皮膚膏藥者要主動告知，並且在前 3 至 5 天內加強皮膚的保濕工作。

004 術後注意事項

❶ 表皮的新生會在治療後 24 小時內發生，治療後 8 至 12 小時後就可以洗臉、敷臉及上術後保養品。有些人會在術後的頭 3 至 7 天，出現微紅腫及乾燥敏感的現象，此時盡量使用術後修護保養品，並等狀況改善後再上妝。

❷ 洗臉時，要選擇溫和不刺激的清潔用品，並避免使用含顆粒的洗面乳或磨砂膏。

❸ 術後要加強皮膚的保濕及防曬，使用 SPF 30 以上的防曬產品，並且一天要擦多次。

❹ 術後若有皮膚乾緊、脫皮或癢、長小疹子、粉刺等，只要加強保濕工作即可。

❺ 治療斑點、痘疤後，皮膚會有暫時性的反黑或結痂，這是正常現象，不用特別擔心。

❻ 術後 2 週內，不要去角質或使用刺激性保養品，像是含有酒精、左旋 C、果酸、水楊酸、杜鵑花酸，或其他酸性刺激性的產品。

❼ 術後 2 週內，減少使用蒸氣、烤箱、泡澡、陽光曝曬。建議使用冷水或溫水洗臉，以免造成皮膚的敏感。

❽ 建議 4 週後可以施打下一次療程，以加強效果。

6　換膚雷射——鉺玻璃雷射（Er：GLASS laser）

鉺玻璃雷射是最早使用分段光熱分解原理來作用的雷射，利用多個微小的獨立雷射光束，直接打進皮膚真皮層，以達到治療的效果，並同時分解皮膚色素、促進皮膚組織代謝更新、刺激膠原蛋白再生、改善疤痕組織結構等，以達到回春及凹洞疤痕修復的效果。

由於施行手術之後，表皮的角質層結構仍然完好，且無開放性傷口，皮膚受損的程度會比使用其他雷射手術去除表皮組織低很多，有助於表皮黑色素較多的東方人，降低治療後反黑的色素沉澱現象。

鉺玻璃雷射的治療深度比脈衝光，甚至磨皮雷射更深，卻有「恢復期較汽化性雷射短」的特性，所以兼具了汽化性與非汽化性雷射的雙重優點。

鉺玻璃雷射在臨床應用上，是以高能量施打於皮膚組織內層後，可以有效改善細紋或皺紋、毛孔粗大或青春痘疤痕，以及手術或燒燙傷等疤痕、組織結構；假設改以低能量照射時，可以逐漸代謝肝斑（黑斑）、紫外線造成的光老化，並改善膚質結構。

不適應症

❶ 皮膚有發炎、外傷、過敏、嚴重化膿性青春痘等現象者。
❷ 身上有疤痕增生、蟹足腫、全身紅斑性狼瘡疾病患者。
❸ 光過敏者。
❹ 懷孕。
❺ 曾接受放射線治療或化療者。
❻ 最近有受日光曝曬者。
❼ 最近有做臉、使用 A 酸、果酸換膚或接受雷射、脈衝光治療者。
❽ 對於雷射美容存有不切實際的期望。

有以上現象時，一定要經由醫師評估後再做決定。

002 副作用

較常見的是：皮膚紅腫乾燥，有小皮屑的感覺。

不常見的是：癢、暫時性膚色加深。

003 術前注意事項

❶ 有蕁麻疹、異位性皮膚炎、傷口、發炎、化膿的皮膚者，不適合進行療程。

❷ 易產生發炎後色素沉澱（反黑）的體質，最好能做預防性的治療，像是防曬、美白導入，搭配淨膚雷淡化色素等。

❸ 口服 A 酸要先停用 3 個月後，再進行療程。如有使用 A 酸膏藥、退斑膏者，建議停用 1 個月後再治療。

❹ 治療前 3 至 4 週，應該避免雷射美容、磨皮、果酸換膚、去角質及挽臉。

❺ 治療前後 1 週內要避免曝曬，有擦皮膚膏藥者要主動告知，並且在前 3 至 5 天內加強皮膚的保濕工作。

004 術後注意事項

❶ 治療後當天，就要利用空餘時間持續進行冰敷。

❷ 術後若有皮膚乾緊、脫皮或癢、長小疹子、粉刺等，只要加強保濕工作即可。

❸ 治療當天睡覺時，請墊高頭部，以降低水腫情形。

❹ 術後要加強皮膚的保濕及防曬，使用 SPF 30 以上的防曬產品，並且加強一切防曬措施，例如撐傘、戴帽及口罩等。

❺ 清潔與保養方式要輕柔溫和，請選擇溫和不刺激的清潔用品，且清潔時動作要輕柔，並減少使用含顆粒的洗面乳或磨砂膏，也勿過度搓揉或去角質。

❻ 術後 2 週內，不要去角質或使用刺激性保養品，像是含有酒精、左旋 C、果酸、水楊酸、杜鵑花酸，或其他酸性刺激性的產品。

❼ 術後 2 週內，減少使用蒸氣、烤箱、泡澡、陽光曝曬，建議使用冷水或溫水洗臉，以免造成皮膚的敏感。

❽ 建議 4 週後可以施打下一次療程，以加強效果。

7 色素雷射

色素雷射的波長可以被黑色素吸收，進而產生破壞作用，通常用於除斑、毛與刺青。目前使用最普遍的有紅寶石（Ruby laser）、紫翠玉（Alexandrite laser）以及釹雅克（Nd：YAG laser）雷射三種。一般來說，波長越長（如 1064 奈米）的色素雷射，主要的功能是縮小毛孔、代謝粉刺、均勻亮白、淡化細紋和肝斑、緊緻膚質、除去深層斑（太田母斑、顴骨母斑）、刺青、改善發炎後色素沉澱；至於 532 奈米的波長則主要治療淺層斑，像是雀斑、曬斑與老人斑。

不適應症

❶ 懷孕。

❷ 皮膚正處於過敏發炎中，或有進行性的細菌或病毒感染。

❸ 罹患癌症的部位，或是進行過癌症放射線治療的部位。

❹ 服用對光敏感的藥物，或近期使用過 A 酸者，不能馬上治療。

❺ 卡波西氏瘤（Kaposi's sarcoma）患者。

002 副作用

初次接受雷射者，可能會有「暫時性毛囊功能障礙」的反應，臉上可能會出現小丘疹、痘痘等，但 3 至 5 天就會消失。假設這現象持續，一定要立刻回診請醫師評估。

少數人的色素斑在治療後 3、4 週，傷口會轉為淡褐色，再轉為深棕色，這是正常的暫時性反黑現象，並不是治療無效。只要重視術後的護理，約有 9 成患者的反黑現象會在 1 至 2 個月後逐漸淡化，並在 3 至 6 個月之內膚色恢復正常。

003 術前注意事項

❶ 有蕁痲疹、異位性皮膚炎、傷口、發炎、化膿的皮膚者，不適合進行療程。

❷ 口服 A 酸要先停用 3 個月後，再進行療程；如有使用 A 酸膏藥、退斑膏者，建議停用 1 個月後再治療。

❸ 治療前 3 至 4 週，應該避免雷射美容、磨皮、果酸換膚、去角質及挽臉。

❹ 治療前後 1 週內，要避免曝曬，有擦皮膚膏藥者要主動告知，並且在前 3 至 5 天內加強皮膚的保濕工作。

004 術後注意事項

全臉淨膚雷射術後

❶ 治療後，4 小時內請勿上妝，48 小時內勿用含酒精及果酸的產品。

❷ 治療部位若有發紅情形，建議冷敷處理。

❸ 一旦皮膚有乾燥情形，建議加強保濕，但要避免使用過油的產品。

❹ 要做好防曬措施，並使用 SPF 30 以上的防曬品。
❺ 建議 3 週之後，進行下一次淨膚雷射治療。

淺層斑

❶ 治療當下，斑點會有白色的結痂傷口，超過 2、3 分鐘後，傷口會輕微紅腫，並有灼熱感，但當天就會消失，建議冰敷處理。
❷ 治療後當天勿碰水，並盡量保持乾淨，也不要用手抓傷口。
❸ 第 1 至 3 天，傷口會開始形成深棕色痂皮，這時不要用手摳除，以免因感染而形成疤痕。
❹ 當痂皮形成後，就可以開始洗臉與化妝，但洗臉時切忌太過用力，且暫時不要使用磨砂膏及做臉。
❺ 第 3 至 7 天，痂皮就會開始自然脫落；第 2 至 3 週，痂皮脫落後的傷口是粉紅色的，這是正常新生皮膚的顏色。
❻ 由於傷口對陽光極為敏感，所以在治療後 3 至 6 個月內，不可以直接曝曬在太陽底下，外出需要擦 SPF 30 以上的防曬乳，並使用傘、口罩及帽子阻絕紫外線。

深層斑

❶ 治療當下，皮膚不會有任何反應；但 2、3 分鐘後，皮膚會有微紅反應。
❷ 治療後的傷口不會結痂，只要等身體免疫系統將黑色素代謝掉之後，就可以達到除斑的效果。

8 微針滾輪療法

微針滾輪療法就是國外所謂的 MTS（Microneedle Therapy System）療法，將一個上面密布微細小針的小小滾輪，運用物理性原理，在皮膚上來回均勻地滾動、穿刺與破壞。

小輪子滾動一圈，大約可產生 192 個微針孔，能夠在表皮上形成極細的傷口，讓生長因子從細小傷口進入真皮層內，以刺激皮膚的修護反應，促進膠原蛋白和彈力纖維的再生，進一步改善皮膚的疤痕與細紋，讓皮膚看起來更年輕。

在治療的過程中，還可以搭配超音波導入，將各種無菌、無香精、無色素、無防腐劑等醫藥級保養品（例如多胜肽、維生素、磷脂質、玻尿酸，或是治療凹洞時所用的 EGF 精華液與纖維刺激素等），適當地導入經微針滾輪穿刺後所產生的細小皮膚孔內，加強緊緻與細嫩的效果。

雖然微針滾輪療法的原理類似飛梭雷射，卻不會有術後結疤、反黑的困擾，且恢復期更短、治療深度也更深（約皮膚下 1 公釐以上）。其次，與膠原蛋白、玻尿酸注射相比，經由微針滾輪療法刺激所重新生長的膠原蛋白，可以長期維持而不會遺失。另外，也因為表皮層有些小針孔被刺激代謝掉，所以真皮層也會有自行刺激生長的效果。

微針滾輪療法在進行時，可以依照個人的需求，選擇不同尺寸的微針滾輪（深度從 0.5~2 公釐不等，由醫師視個人皮膚狀況而定）。手術後不但容易照護，且沒有恢復期，更不會留下任何疤痕，可以達到美白、縮小毛孔、淡化細紋、肥胖紋、妊娠紋及全臉緊緻的效果。除了臉部及眼睛周圍外，頸部、手臂及身體都可適用。

術後當天或隔天，皮膚可能會出現紅腫刺痛；第 3 至 5 天，皮膚會有乾燥、脫皮或脫屑的情形；第 4 至 6 天會有粉刺較多或是長痘痘的情形，這是皮膚修護過程中的正常反應。大約 1 週之後，上述現象就會趨緩。一旦不適感持續，應立極回診。

不適應症

皮膚敏感、蟹足腫、對特殊藥物過敏、嚴重異位性皮膚炎、糖尿病，或有嚴重高血壓、凝血疾病的人與孕婦，都不適合做微針滾輪療法。若有疑問，最好事前與醫師進行徹底溝通。

002 術前注意事項

微針滾輪在使用前，必須經過仔細消毒。

003 術後注意事項

❶ 當皮膚出現緊繃與拉扯感時，表示皮膚正處於缺水狀態，必須立即補充保濕產品。

❷ 術後 2 天內，在使用居家護理產品時，皮膚會有少許刺痛的感覺，建議使用溫和而不刺激的醫學美容保養品，切勿使用含有刺激性成分的保養品，像是果酸、左旋 C 原液和去角質產品。

❸ 術後 2 天內，必須避免泡熱水澡或三溫暖，不要進入烤箱及游泳池，以免遭到氯的傷害。

❹ 微針滾輪療法並不會在皮膚表面留下傷口或疤痕，所以在治療後的隔天就可以上妝，只是最好以淡妝為宜。此外，建議使用 SPF 30 以上的產品做好防曬。

9 飛針療法

飛針療法是由微針滾輪演變而來，最大的作用就是引導膠原蛋白的增生。但與飛梭雷射相比，飛針療法的針刺深度可以達到 2 公釐，飛梭雷射則只能到 1 公釐。所以，飛針療法可以治療到比較深層的問題，像是較深的皺紋與凹疤。

此外，飛針療法的術後不會有反黑，以及熱效應刺激膠原蛋白增生的問題。一般來說，身體在接受飛針治療後自然完成重建的時間，會視年齡與個人體質差異而有不同。第二次治療應與第一次間隔 3 至 4 週，甚至年紀較大的人，必須延後 1 個月或更久的時間。

飛針治療在術後 30 至 60 分鐘，整個臉部會有燒灼感，並伴隨麻藥尚未去除的部分辛辣感。臉上微紅是術後正常現象，會在數小時後消退。回家後可以採取冰敷鎮靜，並且特別注意每日的防曬工作。

術後注意事項

❶ 術後 4 小時內不要泡水，但可以使用滅菌的紗布沾取冰存的生理食鹽水，冰敷傷口 10 至 20 分鐘。術後當天，就可用冷水洗臉。

❷ 由於飛針療法不會在皮膚表面留下傷口或疤痕，在治療後的隔天就可以正常上妝。

❸ 術後 2 天內，皮膚可能會長一些痘痘或粉刺，也會有輕微紅腫、癢的現象，這些都是正常的。發癢時，可輕拍該部位來舒緩癢的感覺，切忌用手摳抓。如果有輕微結痂情形，大約會在 3、5 天後脫落，千萬不要用手抓。

❹ 術後 1 週內，不要用較熱的水洗臉，並嚴禁洗三溫暖、溫泉、烤箱、蒸氣浴。

❺ 建議使用溫和不刺激的保養品，同時，避免使用含刺激性成分的保養品，像是果酸、酒精、香料、左旋 C 原液和去角質等保養品。

❻ 治療後，因為皮膚會較乾燥，或有角質脫屑的現象，建議要加強保濕的工作。

10 立體電波療法

立體電波療法能同時突破飛梭雷射，以及電波拉皮在治療上的限制，對於改善痘疤與拉提回春上，有著極好的療效。它的原理是結合飛梭雷射分段式治療、微針的微創傷口，以及電波拉皮的能量，利用不同深度的微針電波探頭，在表皮層無熱傷害的狀況下，於治療區域將細小微針自動擊發到真皮層中。微針尖端發出100萬赫茲雙極無限電波，可將能量有效傳導至皮膚深層，治療深度會比飛梭雷射更深，達到皮下3.5公釐以上，並直接在真皮層刺激細胞重組及膠原蛋白的新生，以加強治療的效度與速度，並將表皮熱傷害與術後修復期降到最低。

立體電波療法不只有微針微創的再生原理，更擁有電波拉提的功效，可以強化皮膚抵抗力，使皮膚層增厚8%，進而喚醒皮膚細胞再生。除了可以改善因皮膚老化而顯現的熟齡凹洞痘疤、皺紋、毛孔粗大、色斑等皮膚問題，還可針對老化皮膚造成的臉部鬆弛、嘴邊肉、雙下巴、脖紋等症狀，進行拉提回春，塑造V型小臉的緊緻臉龐。同時，立體電波療法還有改善膚色不均、黑眼圈，以及淡化妊娠紋、緊緻拉提、減少皺紋、育髮重建等效果。

001 術前注意事項

❶ 注意操作醫師的經驗與技術，以免因操作不當而出現反效果。
❷ 治療前後1週內，應停止使用去角質與A酸產品。

002 術後注意事項

❶ 治療後第一天開始，可能會有微痂皮產生，應該加強使用保濕產品。微痂皮大約會在5至7天內脫落。
❷ 治療後隔天就可正常上妝與洗臉、保養，但盡量不要化濃妝，以免造成皮膚傷害。
❸ 需要加強防曬工作，所使用的防曬產品係數應大於SPF 25，並盡量避免曝曬在陽光下。
❹ 術後1週內會有膚質粗糙的情形，請選擇溫和且無刺激的清潔產品。不建議泡溫泉、蒸氣浴或三溫暖。
❺ 應配合停用抗凝血劑，並適度補充抗老化營養。

11 電波拉皮

電波拉皮除皺就是藉著熱能，使膠原蛋白收縮，並隨著時間不斷地再生、重組，達到緊緻肌膚、改善皺紋的效果，且讓皮膚變得越來越平滑。因此，不論是青春痘、魚尾紋、抬頭紋、眼皮下垂、雙下巴或頸部鬆弛，甚至身體較肥胖或鬆弛的部位，都適合接受電波拉皮的治療。

根據最新的報告，電波拉皮治療一次有長達 6 個月的改善與持續數年的效果。因其治療效果自然，且膚質會隨著時間改善，每一天都有持續性的改變。大約 6 個月後，將會看到整個治療的完整效果，長期性改善效果能夠維持 2 年左右，只是持續性與治療年紀、皮膚狀況與生活方式都息息相關。

001 不適應症

❶ 懷孕。

❷ 裝有心臟節律器者。

❸ 做過小針美容者。

❹ 做過墊下巴、隆鼻等整形外科手術者，當然，還需視當初植入的材質，才能決定是否治療。

❺ 臉部有植入鋼釘者。

❻ 有先天性免疫性疾病，例如紅斑性狼瘡者。

有以上現象時，一定要經由醫師評估後再做決定。

002 術前注意事項

❶ 治療前 1 週不可使用果酸、A 酸、去角質，也不可過度曝曬陽光。

❷ 施打前，要卸除身上所有的金屬物體，包括首飾、牛仔褲上金屬釦子等。

003 術後注意事項

❶ 治療後，加強保濕與防曬，避免照射紫外線。

❷ 治療後 1 至 3 天內，不可使用酒精、果酸、A 酸及磨砂膏，也不要做臉。

❸ 治療後 7 天內，切勿過度激烈運動，也不可洗三溫暖、蒸氣浴、泡溫泉，或使用過燙的水洗臉及熱敷。

12 極線音波拉皮

極線音波拉皮就是「Ulthera 超音波拉提」，它是以 HI-FU 高強度聚焦式超音波科技，將超聲波聚焦於單一個熱凝結點，治療深度在 3.0~4.5 公釐，是當前非侵入儀器治療深度最深的儀器，除了作用到肌膚底層的纖維中隔之外，也精準作用在拉皮手術才會治療到的皮膚最深層的筋膜層。

001 不適應症

❶ 患有以下疾病的患者，不建議執行此項治療：出血性疾病或凝血障礙、可能會影響傷口癒合的活躍局部性疾病、單純性疱疹、自體免疫性疾病、糖尿病、癲癇及貝爾式麻痺（暫時性顏面神經麻痺）。

❷ 不建議直接在以下區域進行：臉部開放性傷口或病變、臉部及頸部有嚴重囊腫型痤瘡（青春痘）、機械式植入物、皮下填充物、蟹足腫疤痕、植入式電子裝置、臉上或頸部裝有金屬支架或植入物。如果皮膚有發炎或過敏反應的患者，將暫不執行治療。

❸ 不建議治療的族群：懷孕或哺乳的女性，或未成年者。

002 術前注意事項

❶ 治療部位有開放性傷口、皮膚病變或是囊腫型青春痘，必須避開。
❷ 如曾經在治療區域，接受過任何填充注射類、埋線、手術等治療，或是近 1 個月有注射玻尿酸、人工真皮或膠原蛋白，請於術前告知醫師。
❸ 術前 1 週不要使用酸類（A 酸、果酸、水楊酸等）藥膏或保養品，暫不執行雷射治療，並避免使用含柔珠成分的洗面乳及磨砂膏，以免刺激肌膚。
❹ 避免日曬，以免使肌膚產生泛紅及脆弱。
❺ 治療前，請使用溫和的清潔產品清潔治療區域，勿於治療區域上使用任何乳霜、乳液、粉底或蜜粉產品。
❻ 請準備至少 2 小時的時間接受治療。

003 術後注意事項

❶ 治療後的幾小時內，可能會有輕微的泛紅、水腫、小刺痛，在某些部位也有可能會出現極小、略白的能量點小疹，這些都是正常、溫和且暫時性的反應，通常可於治療後數小時內緩解。
❷ 治療後當天不要冰敷及做導入課程，只需加強濕敷即可，以維持最佳熱效應治療。
❸ 術後如出現小水泡或皮膚泛紅、浮腫、搔癢現象，請依照醫師建議使用藥膏。
❹ 初期請加強每日保濕敷面膜、保養（緊緻護理），且 1 日多次使用 SPF30~50 係數的防曬品。
❺ 療程結束之後 1 週內，避免使用美白左旋 C、果酸類、去角質等保養產品。
❻ 治療後 2 週內避免按摩拉扯、流汗及前往高溫場所，例如：泡溫泉、三溫暖、烤箱、蒸氣室、日光浴等。

❼ 應避免菸、酒、辛辣等刺激性食品和醃漬品，以免抑制膠原蛋白增生活化及自由基產生。

❽ 因術後小水泡而造成反黑現象，是一種正常的色素代謝，大約 3 至 6 個月就會逐漸消退，請做好保濕及防曬護理。

13 身體雕塑療法——名模馬甲（Reaction）4D 電波美體治療

利用加熱治療原理所開發出來的名模馬甲 4D 電波美體治療，是採用 CORETM 多通道電波優化科技，利用電波加熱深層組織，使治療部位達到 39~42℃。

名模馬甲 4D 電波美體治療主要是以電波的熱效應，搭配真空吸力對血管和組織作用。真空吸力能促進血液循環和新陳代謝，增加淋巴排水、切斷膠原蛋白組織，使其在 48 小時後，開始自動修復並再生膠原蛋白。

熱效應可刺激膠原蛋白的增生、緊實肌膚，並減少脂肪細胞。這樣的深層按摩，對於改善水腫或橘皮組織特別有效。尤其是做過冷凍溶脂或抽脂手術後，治療部位有凹凸不平的感覺，或曲線不平滑的人，更適合用名模馬甲 4D 電波美體治療，進行局部雕塑。

由於名模馬甲 4D 電波美體治療是非侵入式治療，完全不影響工作與生活作息，術後只要注意水分的補充，並且塗抹乳液以避免皮膚過於乾燥即可。

不適應症

懷孕、糖尿病患者、治療部位有皮膚疾病、使用抗凝血劑或有凝血功能障礙、曾有深層靜脈栓塞，或裝有金屬植入物、心律調整器、去顫器者。

14 身體雕塑療法——冷凍溶脂

冷凍溶脂技術是採用 4~5℃的低溫，利用脂肪內的三酸甘油脂「不耐冷」的特性，讓遇到低溫的脂肪受到破壞，而產生細胞凋亡（apoptosis），再經由身體自然代謝排出。

冷凍溶脂的治療只針對標靶脂肪細胞運作，不會對於周遭的神經、肌肉等組織產生破壞或影響，也不用手術方式侵入體內。在術後，可以立刻投入正常生活。

冷凍溶脂的儀器可以透過精準的溫度監控，從體外針對皮下的脂肪細胞進行治療，例如腰部、腹部、背部等處的脂肪。治療當下，會使脂肪細胞內的脂質，產生結晶性變化；治療後 3 至 5 天，變性的脂肪細胞會啟動細胞凋亡，並開始緩慢分解，並在 2 週後達到高峰。

之後，凋亡的脂肪細胞將由淋巴系統自然代謝，代謝過程如同飲食所攝取的油脂代謝途徑，大約要耗時 2 至 3 個月左右，才能完全代謝掉。值得注意的是：冷凍溶脂只是針對脂肪的破壞和減少，對於皮膚的緊實及膠原蛋白的刺激並無效果。所以，可以在做完冷凍溶脂之後，再加強皮膚緊實的局部雕塑。

001 不適應症

❶ 內臟型肥胖者。

❷ 冷沉球蛋白血症。

❸ 突發冷誘發性血尿。

❹ 對冷過敏的蕁麻疹。

❺ 末梢循環有受損的區域。

❻ 雷諾氏症（Raynaud's Disease）。

❼ 懷孕。

❽ 疤痕組織及治療區域有濕疹或皮膚炎者。

❾ 皮膚知覺有受損的區域。

⑩ 開放式或已感染的傷口。

⑪ 最近曾流血或出血的區域。

⑫ 裝有主動植入式醫材（例如心律調整器、心臟去顫器）的病患。

002 副作用

❶ 治療過程若覺得不舒服，就要馬上告知醫師，請對方調整。

❷ 會有暫時性感覺麻木。

❸ 大部分瘀青及紅腫，會在治療後 2 至 5 天內恢復。

❹ 疼痛和刺痛感可能會持續 2 至 4 週。

❺ 極度疼痛、皮膚感覺遲緩與皮膚顏色改變的發生率極低，就算有，也會在幾週內自動復原。

開心一下　快樂義大利麵午餐

哥哥跟妹妹午餐吃義大利麵，哥哥先吃完後，跟媽媽到鋼琴室練習。

媽媽：妹妹，妳的麵吃完了嗎？
妹妹：吃完了。
媽媽：妳把妳吃的碗拿來給媽媽看。

妹妹拿了哥哥吃完的碗給媽媽看。

媽媽：妳怎麼可能吃那麼快，還全部吃完，再去吃幾口，再拿來給媽媽看。

妹妹走到餐廳吃了幾口後，拿了剩一點麵的碗給媽媽看。
媽媽覺得這是不可能的事，一下下的時間，怎麼可能把麵吃了剩這麼一點。媽媽到了餐廳後，看了餐廳桌面上的情況，差點昏倒……聰明的妹妹竟然把她沒吃完的麵，分到其他空碗裡。

——陳玲儀、廖惟妍　提供

part 6

整形手術改善運勢

假設美眉們的臉型，不論是透過彩妝或微整形，都不能讓自己滿意，最後，只有藉由各種整形手術，來徹底改變不滿意的面容。

整形真的可以改變命運嗎？

改變面相後，真的可以改變命運或健康嗎？要回答這個問題之前，先讓我們來看一個案例：在韓國，有位整形美女因為外貌美麗，被富商名人看上而嫁入豪門。但生下孩子後，由於孩子的外表既不像爸爸，也不像媽媽，被夫家發現她曾經整過形。夫家認為被欺騙了，憤而提出離婚的要求，最後以離婚收場。

大多數面相師對於「整形改變命運與健康」的看法是：當然有影響。儘管最後的結局不見得很好，但如果沒有整形，這位美女就不可能有嫁入豪門的機會。

至於針對治療先天性缺陷所做的整形手術，例如唇顎裂、暴牙等，的確會對命運跟健康都發揮正面的效益。以唇顎裂的人為例，假設把唇顎裂修補後，不但能讓自己進食正常，外貌看起來也與常人無異；如果一個暴牙的人，連咬合、咀嚼都有問題，自然會影響腸胃消化。矯正後，能夠正常咀嚼食物，對健康當然是有幫助的。

臉部整形手術除了常見的隆鼻之外，還有割雙眼皮、紋眉、去眼袋、拉皮等不同種類及名目。撇開能否改運的問題，單以將單眼皮割成雙眼皮為例，看在面相師的眼裡，是否真的是「利大於弊」，恐怕還很難說。

因為在命理上，單眼皮的人個性冷靜沉著、意志力堅強，遇事拿得起、放得下，所以很容易成為社會上的成功人物；至於雙眼皮，尤其是外雙的人，雖然個性開朗，但恐怕有感情脆弱、心緒不定、容易激動，且遇事提得起、放不下的缺點。如此一來，只是因為表面上「看起來不漂亮」而動刀整形，「一得一失」間是否划得來，恐怕也很難驟下定論。

特別是對於美的定義，每一個人的標準都不太一樣。但是，一個人的五官，都必須與臉型及體型相稱，才能稱得上是「美麗」。舉例來說，如果是一個眼睛小、顴骨也不夠高的人，只是為了漂亮，而硬把鼻子墊高的話，面相師認為這種相貌反而會導致孤傲的個性，影響了中、老年時的運勢。

目前在醫學及科技進步之下，外相的改變是非常容易的。只不過，人生的運勢要徹底改變，要改的可能也不只是「外相」而已。這是因為在古代「相術」中，「相」可以分為「內相」與「外相」。前者分為眼神、聲音與度量等；後者則有舉動、表情、特徵、形態、輪廓等。

也就是說，外相的改變最多只能加分「30%」。如果再把內相也進行改變，運勢才能再加「30%」。而且內相是相當不容易更改的，必須透過不斷地學習。就像古人所說的：「相由心生，心隨意轉，心由自養。」如果個人的意念與想法改變了，就會改變臉上的表情。如此一來，整個運勢才會隨之改變。

總的來說，古代的面相師或中醫師，都認為想改變命運與健康，最好的方式還是「從內在做起」。唯有改變自己的態度與觀念，外在的面相才會藉由內在的改變而隨之改變。這是因為心與身為一體，心身都朝正向改變了，命運自然也會改善。

特別是中醫師都認為，百病由氣而生，七情六慾都會影響身體健康，只有不斷提升自我的涵養，時刻發自內心的喜悅，表現出來的外在形質才會更加完美。以上這些，恐怕比化妝品、整形手術更有實質效益。

Box 面相師與中醫師看化妝及雷射美白

從面相師的角度來看，不論是透過任何技術使膚色變白，都跟化妝一樣，對實質命運與健康的幫助不大。而且每一位美眉都有其原有的膚色，實在沒有必要太過刻意改變。特別是坊間許多美白方式與產品，多少都會對皮膚都會產生一些化學性傷害。例如，使用含汞的化妝品，會造成重金屬中毒、皮膚癌等等，不但賠上容貌，還損害身體健康。

俗話說：「一白遮三醜。」因此，許多人都認為膚色白皙的人，看起來比膚色黑的人清爽、漂亮。以中醫師的角度來看，想要擁有白皙的皮膚，不需靠化妝品及雷射等手術，從內做起就可以達到美白的功效。

中醫認為，肝主疏泄，對體內黑色素的代謝具有重要影響。透過改善肝膽功能，活化新陳代謝，加強毒素與黑色素代謝速率，皮膚自然而然會變得更加白皙透亮。

日常生活中，有許多食材可以達到美白效果，像是綠豆、薏仁、白木耳等，都是對美白很有幫助的天然食材。事實上，中藥裡許多命名字帶「白」的藥物，多有美白成分，像白芨、白芷、白前、白茯苓、白朮、白鮮皮、白扁豆、桑白皮、白茅根、白芍、柏子仁、百合、山藥等。不妨詢問中醫師，依照個人體質選用適合的藥物或食物調理。

有中醫師認為，美眉們想要真正美白，必須補氣跟解毒同步進行。如果只是解毒而不補氣，皮膚的表層氣血循環不佳，容易產生斑點或毛孔堵塞的問題。此時，可以食用金銀花、天花、黃連等可排解淋巴毒素、促進代謝的藥材，另外再補充像黃耆、紅棗、枸杞這類可以補氣的中藥，對皮膚的活化、抗衰老也很有幫助。

如何選擇適合自己的整形手術

撇開「能否改運或改變健康」的疑問，當單純的化妝只具有暫時效果，而無法「永久改變」的微整形，無法滿足時刻追求完美，或是求得各種好運的美眉們時，整形手術就是最終極的選項了。

然而，不論是去眼袋或雙眼皮手術，或是打造「臥蠶」(提高人緣)、高挺的鼻子與瘦小的瓜子臉，各種手術所使用的方式不同，各有不同的適合對象。以下幾個表格，綜合了各手術的優缺點，供有興趣的美眉們參考。

表6-1
最適合你的眼袋手術

	外開法	內開法
問題敘述	過度鬆弛，需要切除多餘皮膚的眼袋。	只需調整脂肪位置或是移除多餘脂肪，不需要切除多餘皮膚的眼袋。
手術方式	在下睫毛根部位置，切除多餘眼袋皮膚，調整脂肪位置，並將疤痕藏在下眼線的位置。	由眼袋內側進行手術，移除多餘脂肪或是調整脂肪位置，讓眼袋恢復平坦狀態。
優點	大幅度改善鬆弛的狀態。	改善不平整眼袋，調整凸起或合併淚溝的症狀；外觀上看不到傷口。
缺點	近看才會看到疤痕。	只適合眼袋症狀較輕微的人。

資料來源：彙整自《醫美小心機》p.124

表6-2
最適合你的雙眼皮手術

	縫雙眼皮（釘書針）	小切口雙眼皮	割雙眼皮
問題敘述	年齡較輕、眼皮較薄、無明顯脂肪堆積。	先天與後天的眼瞼肌無力、眼皮較薄但皮膚不鬆。	泡泡眼（眼皮較厚或眼窩脂肪過多）、三角眼（眼皮下垂）、眼皮過多皺褶，或是年紀老化所造成的眼瞼肌肉鬆弛。
手術方式	在希望的雙眼皮高度上，縫上針孔般大小的3、4個點，讓眼皮上形成沾黏，而出現雙眼皮的皺褶。	在雙眼皮摺痕中間，切開1公分以內的切口，縮短提眼瞼肌，以改善眼瞼肌無力的現象。加上左右各1個點縫合固定，形成雙眼皮的皺褶。	在希望的雙眼皮高度上劃一道切口，再進行雙眼皮的固定及軟組織的矯正（例如移除過多的脂肪與皮膚），可改善泡泡眼。假設有需要，也可縮短提眼瞼肌，有效改善無力現象。
手術時間	30~60分鐘	60~120分鐘	60~120分鐘
優點	恢復快，傷口僅點狀，非常微小，就像釘書針一樣。術後不必拆線，疼痛度較低。	可以縮短提眼瞼肌的長度；同時可取出多餘脂肪（並非每個人都需要），讓眼睛變得有神。	深邃好看，幾乎是永久性效果。可根據個人眼睛周圍的條件進行調整。取出多餘脂肪，讓眼睛看起來比較不浮腫；且可去除過多的老化與鬆弛眼皮。能縮短提眼瞼肌，並矯正無力問題。
缺點	無法矯正眼皮下垂，無法去除多餘皮膚及脂肪。長時間之後，會發生縫線脫落，而需要再次的修補手術。	無法矯正眼皮下垂，無法去除多餘皮膚及脂肪。長時間之後，會發生縫線脫落，而需要再次的修補手術。	恢復較慢；術後需拆線。
維持時間	可維持3~5年	可維持3~5年	幾乎是永久性
恢復期	1週~1個月	1~2個月	2~3個月

資料來源：彙整自《醫美小心機》p.118-119

表6-3

最適合你的臥蠶打造法

	玻尿酸注射	自體脂肪移植	植入 Gore-tex
適合對象	想嘗試看看或害怕手術者。	想要一勞永逸，不想要一直補打玻尿酸的人。	想要一勞永逸，不想要一直補打玻尿酸的人。
手術方式	直接注射	抽取身上少許的脂肪，直接注射經由離心純化處理後的脂肪。	在眼睛的內外角各開一個 0.2 公分的傷口，直接植入人工的條狀 Gore-tex。
優點	不需要恢復期	通常只需 1 次手術；不需植入假體。	切口小、效果永久；比較不會有像注射脂肪那樣「泡泡」的感覺。
缺點	需定期補打	可能有 1~2 週的腫脹、瘀血恢復期。	表情動作多的人，會比較容易變形。

資料來源：彙整自《醫美小心機》p.126

表6-4

偷偷變美的鼻樑增高術

	傳統隆鼻	玻尿酸、晶亮瓷	兩段式隆鼻	韓式隆鼻（三段式隆鼻）
方式	從鼻孔內側放入 L 型矽膠。	直接施打於要增高的部位。	使用 I 型假體，再加上取自耳後的軟骨，墊在鼻頭頂點，配合鼻頭軟骨的塑型，增加鼻形的自然性。	掀開鼻頭，一併調整山根、鼻樑及鼻頭。山根、鼻樑植入假體，利用鼻中膈長度來調整鼻頭形狀（縮鼻頭、延長鼻頭、調整鼻孔形狀）。最後，取耳後軟骨墊在鼻頭頂點，鼻形顯得自然又塑形度佳。
復原期	1~3 個月，3 個月到半年才會變得較自然。	幾乎沒有。	1~3 個月，3 個月到半年才會變得較自然。	1~3 個月，3 個月到半年才會變得較自然。
優點	外觀看不到疤痕。	快速且無復原期。	外觀看不到疤痕。	適合鼻子需要大幅度修正的人。
缺點	長期來說不穩定，且有穿出鼻子的可能性。	需定期補打以維持一定的效果。	無法大幅調整鼻頭，不適合有蒜頭鼻或朝天鼻的人。	仰頭可能會看到位在鼻小柱下的小疤痕。

資料來源：彙整自《醫美小心機》p.133

表6-5

完美下巴（瓜子臉）的微整形及手術

	玻尿酸	晶亮瓷	墊下巴	削骨
方式	直接注射	直接注射	直接以手術方式，從嘴巴內放入下巴假體；開刀位置也由下巴下方切口進行；需局部麻醉。	手術傷口在嘴巴裡面，直接削去多餘的下頷骨以改變臉型；需全身麻醉。
復原期	幾乎沒有	可能會有幾天出現腫脹情形。	7~10 天後拆線；拆線後需 2 週到 1 個月，才會達到自然的效果。	2~3 天拆引流管，需 2~3 個月後達到自然的效果。
優點	快速	快速	永久性	徹底改善臉型缺點，如國字臉。
缺點	需一直回補及注射。	需一直回補及注射。	只能改善臉部的長度，對於國字臉型的改善有限。	費用較高；有全身麻醉的可能風險。

資料來源：彙整自《醫美小心機》p.139

Tips 打造緊緻的 V 型小臉蛋

想要對付鬆垮下垂的臉蛋，又不想透過微整形或整形手術，可以從補充肌膚水分與彈力因子來下手。以下是幫助肌膚緊緻的保養祕訣：

1. 先擦緊緻拉提的保養品

先讓緊緻拉提的保養品成分作用在肌膚底層，才能幫助肌膚的重組、再生與緊實。之後，再陸續擦其他機能性保養品。

2. 保濕精華液千萬不可少

除了緊緻拉提外，在整個保養程序的最後，一定要加入具有玻尿酸成分的保濕精華液，藉由「補水」及「鎖水」的作用，維持肌膚的澎潤彈力。

3. 擦保養品時，要配合手勢

緊緻拉提的保養品，要由內而外、由下而上地擦，一方面可加強吸收，另一方面也可對抗地心引力對肌膚的影響。

4. 洗臉的水溫控制在 30~35°C左右

因為當水溫過高時，會造成肌膚的滋潤成分、皮脂與保濕因子流失，讓皮膚變得乾燥、鬆弛與下垂。

後記

雖然人的相貌都是天生的，按照古代面相的說法，所有運勢走向在每個人出生後，就已經確定。但是，正如同本書前面所說，人的面相又分內相與外相，就算外相生得不好，也可以靠著內相的修養，以及常常保持微笑，讓運勢朝向好的方向改變。

除此之外，生於現代的美眉，還有更多古代女性沒有的優勢，那就是可以藉由各種更高超的化妝用品，達到部分修飾的效果；還有，透過由現代化科技支撐的微整形與各種整形手術加持，也能夠讓對自己臉龐不滿的美眉們，獲得最滿意的結果。

祝每一位現代美眉，都能找到最適合自己的妝容與容貌，並且自信心十足地面對每一天！

參考書目

《人可貌相》施勝台著，時報出版。

《人體臉書》田原著，有鹿文化出版。

《中華相術》沈志安著，文津出版。

《五行五官開運彩妝》張鈺珠著，雅書堂出版。

《打造不生病的健康生活》廖俊凱著，書泉出版。

《吃對了不生病》廖俊凱、郭芳良著，書泉出版。

《如何一眼看穿人》黑川兼弘著，陳永寬譯，世茂出版。

《形相好女人（二）》曼樺、王祚軒著，四熙出版。

《雨揚開運手面相》雨揚居士著，臉譜出版。

《看相養病》林源泉著，晶冠出版。

《看病》王鴻謨著，台灣廣廈出版。

《面相學幫你改運招桃花》余雪鴻、渡邊裕美（龍羽）著，四塊玉出版。

《黃友輔人相開運講義》黃友輔著，神機文化出版。

《微整形化妝術》元倫喜著，劉雪英譯，皇冠文化出版。

《微整形逆齡之鑰》廖俊凱著，書泉出版。

《搞懂美肌彩妝，你得知道30件事》雜誌特刊，人樂文化出版。

《察顏觀色》楊力著，睿其書房出版。

《醫美小心機》沈予希著，商周出版。

從早到晚  全面守護

Miss Mix 品牌緣起

Miss　Mix醫美級保養品為實濟國際貿易有限公司與兩岸知名醫學美容醫師廖俊凱醫師共同監製、研發的保養品牌。

廖醫師集結20多年的兩岸醫學美容臨床經驗發現，近年整形風潮興盛，愛美人士對微整型躍躍欲試，卻又擔心微整型產生副作用或預算有限，加上醫美療程的治療固然立即有效，但在術前、術後若使用不合適的保養品，不但影響醫美治療前/後的效果，甚至會衍生負面影響，也有感於西方人與東方人膚質對保養需求的不同，因此適合醫美療程前後及日常保養的Miss Mix孕育而生，於2017年正式創立。

正因深刻地了解肌膚保養的重要性，廖醫師與Miss　Mix團隊著手研發結合美容、醫學、草本、適合男女大眾的醫美級優質保養品，秉持無香料、無著色、無礦油，嚴選低敏高效之植萃成分，無論是否已接受醫美療程者，皆能適用，讓肌膚感受真正零負擔的頂級呵護，讓您輕鬆擁有內外兼修的富貴好命臉！

「中西醫整合」是這幾年很流行的詞。因現代醫療已逐漸變貌，西醫治療結合針灸、瑜珈、氣功等輔助療法正風行全球。

5Yina與MissMix就是一場完美的中西醫專業養膚的整合代表，兩個專業線護膚品牌，皆由專業醫生團隊研發，由最精密的實驗室生產，採用了傳統智慧與現代科學，以華陀思想為中心，外敷內服的調理宗旨，讓人們得以追求更為健康的科學護膚。

5Yina根據四個不同的節氣，萃取大地給予我們最天然的禮物，讓我們的皮膚基底得到最好的滋養，重新獲得新生；而MissMix產品，採用了最新科技（微乳化技術）應用在亞洲肌膚的族群，通過20多年的臨床經驗，歷時兩年的研發，由生物科技和藥學博士聯手廖俊凱院長共同監製。

5Yina由專業中醫學博士研製，每樣產品都注入有效的藥用植物和珍貴的植物精華，滋養使用者的肌膚和恢復活力，精心擷取每種珍貴植物與藥物活性的過程雖然繁瑣又耗時費力，卻最能確保產品功效，穩定並同時增強肌膚抵禦汙染，環境壓力和季節變化的能力；5Yina巧妙的運用中國人傳統中醫藥的智慧及綠色技術創新，實現了與大自然和諧相處，培養出使用者自身最佳的肌膚自我修復力和活力。

MissMix結合兩岸知名醫學美容醫師一廖俊凱院長，研發出了適合醫美療程前後及日常保養的產品，秉持無香精、無色素、無酒精、無礦物油，並使用嚴選低敏高效之植粹成分和金箔一金箔入藥早在唐代有所記載，直至明朝李時珍的《本草綱目》中特別載明，「食金，鎮精神、堅骨髓、通利五臟邪氣，服之神仙。尤以金箔入丸散服，破冷氣，除風」，肯定了金箔的藥用價值，直到現代，更有醫者利用金箔治療燒傷皮膚及進行外科縫合手術，由此證明金箔為千年古老智慧中長存的有效成分，也是MissMix產品能調理肌膚底層，強化肌膚細胞免疫系統的原因之一。還有另外一個不太為人所知的美容小知識一頭皮老化是臉的6倍，身體的12倍，頭皮養不好就可能造成臉部肌膚和頸部肌膚的鬆弛、毛囊阻塞、掉髮等一系列問題，因此MissMix特地聯合delif推出無添加稠劑、化學防腐劑並富含有機成分製造的洗髮慕斯。讓你從「頭」開始，擁有健康美膚。

TSW (Tradition , Science , Wisdom)

於亞洲市場，我們將這一系列有專業醫師背書的品牌，推出時為複合專櫃，主打中西醫整合，結合了傳統古老智慧與西醫科學，帶給消費者肌膚零負擔的方式來對抗歲月的痕跡與現代健康問題。

潤澤駐顏黃金凍膜

Gold Foil Jelly Mask

黃金保養 14 天

鬆弛、乾燥、暗沉、毛孔粗大

一次解決肌膚四大困擾

打造輕齡穩定肌

All In One的GOLD FOIL潤澤駐顏黃金凍膜
利用獨特24K金箔及海藻/茶樹萃取物的輔助調理
透過微乳化科技，將有效成分帶入肌膚底層，
強化肌膚細胞免疫系統，為肌膚進行調理，
厚敷一層凍膜，就能輕輕鬆鬆讓肌膚立即達到
深層清潔、保濕、皙白、緊緻的四大功效。

九折商品折扣抵用券

使用注意事項

- 一張折扣券僅可抵用1項Miss Mix保養系列商品(以原價再折扣)，無法兌換現金及找零及折抵其他消費或轉售。
- 本折扣券僅限單次單獨使用一次，不得與其他優惠方案共同使用。
- 本折扣券如有遺失、被竊、毀損、概不得掛失或要求更換及補發，打孔、塗改、翻印者，視同無
- 結帳請出示此券截角兌換憑證，恕不接受未持憑證者。
- Miss Mix 實濟國際貿易有限公司券載發行對本券及其使用有絕對之解釋權。

國家圖書館出版品預行編目資料

美麗正能量：打造你的好命臉／廖俊凱，邱聖文著. -- 初版. -- 臺北市：書泉，2016.12

面： 公分

ISBN 978-986-451-075-7（平裝）

1.美容手術 2.整形外科 3.面相

425.7 10501522

4915

美麗正能量——打造你的好命臉

作　　者 — 廖俊凱（335.8）、邱聖文
發 行 人 — 楊榮川
總 經 理 — 楊士清
副總編輯 — 王俐文
責任編輯 — 金明芬、洪禎璐
封面設計 — 黃聖文
出 版 者 — 書泉出版社
地　　址：106台北市大安區和平東路二段339號4樓
電　　話：(02)2705-5066　傳　　真：(02)2706-6100
網　　址：http://www.wunan.com.tw
電子郵件：shuchuan@shuchuan.com.tw
劃撥帳號：01303853
戶　　名：書泉出版社

總 經 銷：貿騰發賣股份有限公司
電　　話：(02)8227-5988　傳　　真：(02)8227-5989
地　　址：23586新北市中和區中正路880號14樓
網　　址：www.namode.com

法律顧問　林勝安律師事務所　林勝安律師

出版日期　2016年12月初版一刷
　　　　　2018年5月初版四刷

定　　價　新臺幣320元